神奇的小分子活性肽
（修订版）

丛峰松　编著

上海交通大学 出版社

内容提要

本书用通俗易懂的语言，简单地介绍了小分子活性肽的基本概念，活性肽的主要生理作用，活性肽在疾病辅助治疗中的作用，活性肽药物发展现状以及复合小分子肽临床应用研究等方面的知识。

本书可供生物医药领域研究人员参考，也是大众了解小分子活性肽与人类健康关系不可多得的读物。

图书在版编目（CIP）数据

神奇的小分子活性肽/丛峰松编著.—修订本.—
上海：上海交通大学出版社，2018
ISBN 978-7-313-20185-0

Ⅰ.①神…　Ⅱ.①丛…　Ⅲ.①生物活性－肽－基本知
识　Ⅳ.①Q516

中国版本图书馆CIP数据核字（2018）第210964号

神奇的小分子活性肽

编　　著：丛峰松
出版发行：上海交通大学出版社　　　　　　　地　　址：上海市番禺路951号
邮政编码：200030　　　　　　　　　　　　　电　　话：021-64071208
出 版 人：谈　毅
印　　制：常熟市文化印刷有限公司　　　　　经　　销：全国新华书店
开　　本：787mm×960mm　1/16　　　　　　印　　张：6.25
字　　数：55千字
版　　次：2015年5月第1版　2018年9月第2版　印　　次：2018年9月第2次印刷
书　　号：ISBN 978-7-313-20185-0/Q
定　　价：29.80元

随着现代科学技术的进步和社会的发展,医疗卫生条件得到了极大的改善,人类的平均寿命在不断延长。然而,伴随着人们生活方式的改变和生活水平的提高,出现了一种被专家称之为"健康悖论"的现象。我们看到社会上越来越多的人患上了"富贵病",并呈年轻化发展趋势,给人们带来了极大的困扰。糖尿病、高血压、冠心病和癌症等慢性病一旦患有,依靠当今的医学技术很难彻底治愈。这些"富贵病"已经严重影响到人们的健康,给家庭和整个社会带来了沉重的医疗负担。

《黄帝内经》上说:"上工治未病,不治已病,此之谓也。""治"为治理管理的意思,"治未病"即采取相应的措施,防止疾病的发生发展,其中心思想就是,医学的最高目的是预防疾病,防患于未然。

世界卫生组织(WHO)1996年在《迎接21世纪的挑战》报告中也明确指出:21世纪的医学将从"疾病医学"向"健康医学"发展;从重治疗向重预防发展;从针对病源的对抗治疗向整体治疗发展;从重视对病灶的改善向重视人体生态环境的改善发展;从群体治疗向个体治疗发展;从生物治疗向心身综合治疗发展;从强调医生作用向重视病

人的自我保健作用发展。

对于大多数人来说，生物活性肽还是一个较为陌生的概念。事实上，我们人体中几乎所有细胞都受肽调节，它涉及激素、神经、细胞生长和生殖等各个领域。肽在人体的生命活动中扮演着生理生化反应的信使角色，并维护着人体生命活动的稳定。科学家已经证实：所有疾病的发生、发展、治疗、康复都与肽有关。

本书作者深入浅出地对小分子活性肽的相关知识做了阐述，内容丰富，可读性强，既适合普通大众读者，也适合广大科技工作者阅读，是一本难得的科普读物。

李晓玉

于中科院药物所

2015年3月

神奇的生物活性肽

——诺贝尔奖获得者倾力佐证

"21世纪的生物工程就是研究基因工程和蛋白质工程。"

诺贝尔生物学奖获得者朱棣文,美国著名华裔科学家如是说。

肽是21世纪生物医药领域研究与应用的前沿课题。随着人类基因组计划的完成,蛋白质组学以及代谢组学研究的广泛开展,多肽研究也取得了突飞猛进的发展。

研究发现,人体中很多活性物质都是以肽的形式存在的。肽在人体的生命活动中扮演着生理生化反应的信使角色,并维护着人体生命活动的稳定。

近百年来,与多肽研究相关的诺贝尔奖得主为:

1923年,约翰·麦克劳德(John Macleod)与弗雷德里克(Sir Frederick Grant Banting)发现了胰岛素,获得诺贝尔生理学或医学奖。

1955年,美国科学家文森特·迪维尼奥(Vincent Du

文森特·迪维尼奥博士

多肽药理学研究先驱

1955年，因阐明催产素结构并后期合成催产素，而获得诺贝尔化学奖。

Vigneaud）因合成多肽激素——催产素而获得诺贝尔化学奖。

1977年，美国科学家罗歇·吉耶曼（Roger Guillemin）、安德鲁·沙利（Andrew V. Schally）因发现大脑分泌的多肽类激素；罗莎琳·苏斯曼·雅洛（Rosalyn Sussman Yalow）因开发多肽类激素的放射免疫分析获诺贝尔生理学或医学奖。

1984年，美国生物化学家梅里菲尔德（Bruce Merrifidd）因发明多肽固相合成法以及发展新药物和遗传工程的重大贡献，使多肽研究具备商业生产价值从而获得当年诺贝尔化学奖。

1986年，美国科学家斯坦利·科恩（Stanley Prusiner）和意大利神经生物学家蒙塔尔奇尼（Rita Levi-Montalcini）因发现生物活性多肽"神经生长因子"和"表皮生长因子"共同获得当年度诺贝尔医学奖。

1999年，美国生物学家古特·布洛伯尔（Günter Blobel）因发现信号肽被授予诺贝尔生理学或医学奖。

2000年，美国神经科学家保罗·格林加德（Paul Greengard）和埃里克·坎德尔（Eric Richard Kandel）因发现了多巴胺和一些其他脑内的传送物在神经系统的运作原理，共同获得当年诺贝尔生理学或医学奖。

2004年，以色列科学家阿夫拉姆·赫什科（Avram Hershko）和美国科学家欧文·罗斯（Irwin Rose）因发现泛素（多肽）调节的蛋白质降解，共同获得当年诺贝尔化学奖。

随着生物技术的飞速发展，越来越多的生物活性肽被人们发现和合成。肽神奇的生物学作用，决定了它在医药、保健、食品、化妆品方面具有非常广阔的应用前景。

专家预言，21世纪是一个多肽的世界。

丛峰松

目　录

第 **1** 章

小分子肽
——最为优越的营养物质

1.1 肽的定义和分类

对于大多数人来说,肽还是一个较为陌生的概念。事实上,我们人体中几乎所有细胞都受肽的调节,它涉及激素、神经、细胞生长和生殖等各个领域。科学家已经证实:所有疾病的发生、发展、治疗、康复都与肽有关。

肽究竟是什么?

众所周知,蛋白质是细胞结构中最重要的有机物质之一。蛋白质就是构成人体组织器官的支架和主要物质,在人体生命活动中起着重要作用。可以说,蛋白质(protein)是生命的物质基础,没有蛋白质就没有生命。

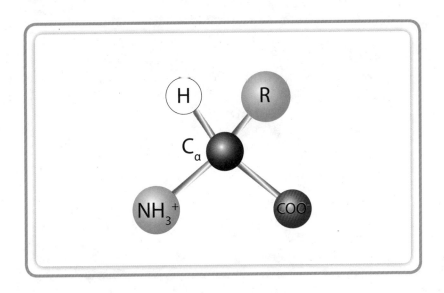

氨基酸是蛋白质的基本组成单位。所有生物,从最简单的病毒到最高级的人类,千变万化的生物都是由完全相同的20种氨基酸组成的蛋白质构成的。蛋白质是由α-氨基酸按一定顺序结合形成一条多肽链,再由一条或一条以上的多肽链按照其特定方式结合而成的高分子化合物。蛋白质的氨基酸序列由对应基因所编码。除了遗传密码所编码的20种基本氨基酸外,在蛋白质中,某些氨基酸残基还可以被翻译后修饰而发生化学结构的变化,从而对蛋白质进行激活或调控。不同蛋白质的区别在于其氨基酸的种类、数目、排列顺序和肽链空间结构的不同。

现代生物学在研究蛋白质时发现了一种不同于蛋白质的中间物质。这种介于氨基酸与蛋白质之间的生化物质称为肽,它比蛋白质的相对分子质量小,比氨基酸的相对分子质量大,是蛋白质的一个片段。

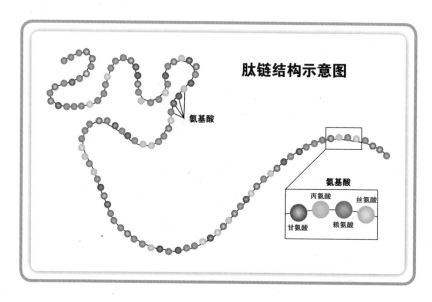

肽链结构示意图

氨基酸

氨基酸

丙氨酸　丝氨酸

甘氨酸　赖氨酸

肽（peptide）是2个或2个以上α-氨基酸以肽键连接在一起而形成的化合物。

通常，由2个或3个氨基酸脱水缩合而成的肽分别称为2肽或3肽，依此类推为4肽、5肽等。一般认为，以氨基酸数量来划分，肽链上氨基酸数目在2~10个以内的为寡肽（oligopeptide），其中由2~4个氨基酸组成的就称为小肽；10~50个氨基酸组成的肽称为多肽；由50个以上的氨基酸组成的肽就称为蛋白质。下面简单介绍几种肽。

1）小分子肽

小分子肽即小分子活性肽，是小分子生物活性肽的简称，又称为寡肽，或称为低聚肽，一般由2~10个氨基酸组成，拥有很多独特的生物活性，是蛋白质结构的功能片断，在生物体内具有重要的生理功能。小分子肽可介导细胞与细胞、蛋白质与蛋白质、细胞与蛋白质及其他非肽类药物、蛋白调控因子与基因表达之间的相互作用。所以，小分子肽虽然在生物体中含量较少，但活性强、作用大，是细胞分化、识别、免疫、应激、衰老及分子进化等一切生命过程的参与者或调节因子。

小分子肽具有相对分子质量小、组织穿透性强、溶解性好、稳定性高、口服或注射给药都比较理想、可大量制备和较低免疫原性等特点。

2）生物活性肽

生物体内存在着天然的肽类分子，对机体的正常生命活动不可或缺，这些参与机体的生理活动的肽类分子称为生物活性肽（bioactive peptides），简称活性肽。生物活性肽是由氨基酸以不同组成和排列方式构成的，是从2肽到复杂的线性、环形结构的不同肽类的总称。氨基酸作为肽的基本构成单位，其种类、数目与排列顺序的不同，决定了肽纷繁复杂的生物结构与功能。这些肽类可通过磷酸化、糖基化或酰基化被激活而发挥重要的生理和代谢调控作用。

通常，按照肽类化合物的不同来源，又可将其分为内源性肽和外源性肽。

3）内源性肽

内源性肽顾名思义是指源于生物体本身的活性肽，其特点是在体内含量极少而效应极强，分布广泛。

内源性肽在人体内有成百上千种，特别是大脑中的含量是最多的，如神经肽、脑啡肽、胃肠肽、胸腺肽等，它涉及人体的激素、神经、细胞生长和生殖各个领域，其重要性在于调节体内各个系统和细胞的生理功能。

4）外源性肽

外源性肽是指人体以外的肽类物质，即存在于天然动植物和微生物体内的天然肽类物质，以及动植物蛋白质经过降解后产生的肽类物质。那些直接或间接地来源于动物性食物或植物性食物蛋白质的肽，通常又称为食源性肽。

外源性活性肽在蛋白质消化过程中释放出来，通过直接与肠道受体结合参与机体的生理调节作用或被吸收进入血液循环，从而发挥与内源性活性肽相同的功能。如当人到了25岁的时候，人体就没法合成胸腺肽，这时外源性肽就可以取代胸腺肽，从而弥补体内的多肽激素，强化人的免疫功能和激活免疫细胞，使人体产生抗体。

内源性和外源性生物活性肽为肽类药物研发提供了巨大的天然资源宝库，以内源性或外源性生物活性肽为先导是新药研发的捷径之一，给药学研究人员提供了广阔的天地。

5）复合小分子肽

复合小分子肽是以天然动植物蛋白为原料，通过酸碱水解或酶解的方法生产的富含不同相对分子质量的小分子肽和氨基酸的混合物。复合小分子肽不仅营养价值高，而且还具有广泛的生物学功能。

1.2　小分子肽、蛋白质和氨基酸

近年来，科学家研究发现，小分子肽作为蛋白质的功能活性片段，不仅比蛋白质的营养价值高，能提供人体生长、发育所需要的营养物质，而且具有许多蛋白质所不具备的独特的生理活性。

1）小分子肽与蛋白质的区别

（1）小分子肽易吸收、无抗原性。

蛋白质是具有高度种属特异性的大分子，不易被人体

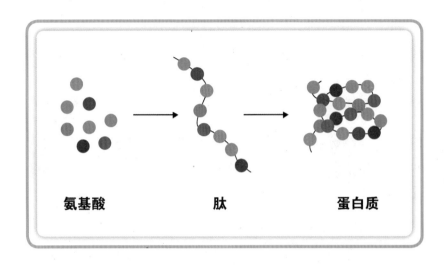

吸收,必须经过消化过程分解为氨基酸或小肽才能被吸收。目前的研究认为,小肽能以完整形式被吸收进入循环系统时,没有任何废物及代谢物,能被人体全部利用。此外,蛋白质的相对分子质量很大,一般在一万以上,相对分子质量越大,表面的抗原决定簇就越多,化学结构也较稳定,不易被机体破坏或排除,在体内停留时间也较长,有充分的机会与产生抗体的细胞接触,刺激机体产生免疫反应。而小分子肽具有低抗原性或无抗原性。

(2)小分子肽生物活性极强,作用范围广。

小分子肽的生物活性高,在极其微量的情况下,也能发挥其独特的生理作用。小分子肽具有传递生理信息、调节生理功能的作用,维持着人体正常的生理活动。从细胞到组织器官,都可以发现小分子肽的作用。

(3)小分子肽结构易于修饰和重新合成。

由于小分子肽的结构相对于蛋白质而言要简单得多,

因此小分子肽结构易于改造修饰，人工合成成本较低，这些特点为多肽药物的开发提供了广阔的前景。

（4）小分子肽不会引起营养过剩。

从营养上讲，小分子肽的营养优于蛋白质，蛋白质只有分解成小肽才能被吸收。过量摄入蛋白质会有一定副作用，因为蛋白质在人体内的分解产物较多，其中氨、酮酸及尿素等对人体会产生副作用，不仅增加肝脏负担，还容易引起消化不良，影响肾脏功能。美国科学家发布一项声明指出，食用过量的蛋白质会增加患癌症的风险，如直肠癌、胰腺癌、肾癌及乳腺癌。食用动物性蛋白质如蛋类、奶类及肉类过多，还可以诱发心脏病。痛风、肝肾功能衰竭的病人，更要限制蛋白质的摄入。而小分子肽摄入后不但不会引起营养过剩，而且还可以调节人体的营养平衡。

2）小分子肽与氨基酸的区别

蛋白质被摄入人体后，经过分解主要以氨基酸和小肽的形式被小肠吸收利用。小分子肽与氨基酸的区别主要表现如下。

（1）小分子肽的吸收代谢速度比游离氨基酸快，并且人体内利用小分子肽合成蛋白质的概率比氨基酸的利用率高约25%。

（2）小分子肽与氨基酸吸收机制完全不同。小分子肽吸收具有转运速度快、耗能低、载体不易饱和、无竞争性和抑制性等特点。

（3）人体能够吸收和利用的氨基酸只有20种。但是，不同种类不同数量的氨基酸,通过排列组合则可以构筑成百上千种小分子肽。这些小分子肽可以发挥各种各样的生物学作用。

（4）小分子肽具有氨基酸不可比拟的生理功能,它直接介入血细胞、脑和神经细胞、肌肉细胞、生殖细胞、内分泌细胞和皮肤细胞的新陈代谢,并且参与调节机体的各项生理功能。

与氨基酸运输体系相比,小分子肽具有吸收快速、生物利用效率高、耗能低、不易饱和等特点,因而可以利用小分子肽为某些特殊身体状况的人群补充营养,比如手术后特别是消化道手术后,尚处于康复期的患者;因精神压力、过度劳累及厌食等引起的肠胃功能失调者;运动后需及时快速补充氮源者;消化器官未发育成熟的婴幼儿或消化吸收功能开始衰退的老人等。

1.3　小分子肽的特点

小分子肽具有以下特点:

（1）小分子肽结构简单、相对分子质量小,可快速透过小肠黏膜吸收而不需要再次消化,也不需要耗费能量,具有100%吸收的特点。因此,小分子肽的吸收、转化和利用是高效和完全的。

（2）小分子肽可以直接进入细胞内是其生物活性的重要体现。小分子肽可以透过皮肤屏障、血脑屏障、胎盘屏障、肠胃黏膜屏障直接进入细胞内。

（3）小分子肽的活性很高，往往很小的量就能起很大的作用。

（4）小分子肽具有重要的生理功能，涉及人体的激素、神经、细胞生长和生殖各领域，它可以调节体内各个系统和细胞的生理功能，维持人体的神经、消化、生殖、生长、运动、代谢、循环等系统的正常生理活动。

（5）小分子肽不仅能提供人体生长发育所需的营养物质，而且具有特殊的生物学功能，可防治血栓、高血脂、高血压，延缓衰老，抗疲劳，提高机体免疫力。

1.4　小分子肽的营养吸收机制

传统的蛋白质营养理论认为，动物摄入蛋白质后首先在消化道内经过蛋白酶等内切酶的作用降解为相对分子质量较小的寡肽，寡肽再经羧肽酶和氨肽酶等外切酶的作用生成游离氨基酸而被吸收利用，在此过程中，肽仅仅是蛋白质消化过程的中间产物，并没有特殊的营养意义。

Agar（1953年）首先证实了肠道能完整吸收双甘肽，但是由于受传统蛋白质消化吸收理论的影响，学者们对其他吸收方式不容易接受,并且由于双甘肽被认为是一种特殊的2肽,它的相对分子质量很小,因此这一发现的重要性没有被认识到,直到20世纪60年代,Newey等第一次提出小肽被完整吸收的观点。Hara等(1984年)在小肠黏膜细胞上发现小肽载体,进一步证实小肽能完整地通过小肠黏膜细胞直接进入循环。20世纪90年代,小肽载体被克隆,小肽的吸收机制才逐渐被人们所认识。

已知的研究发现,小分子肽的营养吸收机制至少具有以下十大特点:

(1)小分子肽不需消化,可以直接被人体吸收。传统上人们认为,只有游离氨基酸才能被动物直接吸收利用。近年来的研究表明,蛋白质在消化道中消化终产物的大部分往往是小肽,而且小肽能完整地通过肠黏膜细胞进入体循环。

(2)小分子肽吸收快速,耗能低且载体不易饱和。研究发现,哺乳动物对肽中氨基酸残基的吸收速度大于对游离氨基酸的吸收速度。Hara等(1984年)发现,大鼠对蛋白酶降解产生的氨基酸吸收强度比相应游离氨基酸高70%~80%。Daneil等(1994年)认为肽载体吸收能力可能高于各种氨基酸载体吸收能力的总和。实验证明,小分子肽比氨基酸更易、更快地被机体吸收利用,并且不受抗营养因子的干扰。

(3)小分子肽具有百分之百被人体吸收的特点。与游离氨基酸相比,小分子肽的吸收不仅迅速,而且吸收效率高,几乎全部被机体吸收。

（4）小分子肽以完整的形式被人体吸收。小分子肽在肠道中不易进一步水解，能较完整地被人体吸收进入血液循环。血液循环中的小肽能直接参与组织蛋白质的合成，此外，肝脏、肾脏、皮肤和其他组织也能完整地利用小肽。

（5）小分子肽的转运机制与氨基酸的转运机制有很大不同，在吸收过程中，不存在与氨基酸转运相互竞争载体或拮抗的问题。已知小分子肽存在三种转运系统：第一种是具有pH值依赖的H^+/Na^+交换转运体系，不消耗ATP；第二种是依赖H^+或Ca^{2+}离子浓度的主动转运过程，需要消耗ATP；第三种是通过谷胱甘肽（GSH）结合的转运系统。

（6）由于避免了游离氨基酸在吸收时的竞争，小分子肽可以使摄入的氨基酸更加平衡，提高了机体蛋白质的合成效率。对于消化系统未发育成熟的婴幼儿，对于消化系统开始退化的老年人，对于急需补充氮源而又不能增加胃肠功能负担的运动员，对于那些消化能力差、营养缺乏、身体虚弱、体弱多病者，若以小肽的形式补充氨基酸，可以改善氨基酸的吸收，满足机体对氨基酸和氮的需求。

（7）小分子肽可促进对氨基酸的吸收。如当赖氨酸和精氨酸以游离形式存在时，两者相互竞争吸收位点，游离精氨酸有降低肝门静脉赖氨酸水平的倾向，而以肽形式存在时，则对赖氨酸吸收无影响。以小分子肽与氨基酸的混合物形式吸收是人体吸收蛋白质的最佳吸收机制。Leonard等（1976年）研究表明，患有遗传性氨基酸代谢病的患者不能吸收游离的中性氨基酸，但是可以吸收肽结合的中性氨基酸。

（8）小分子肽可以促进矿物质的吸收。小分子肽可与钙、锌、铜、铁等矿物离子形成螯合物增加其可溶性，有利于机体的吸收。研究证明，在生物体消化过程中形成的酪蛋白磷酸肽（CPPS）可促进钙、铁、锌、锰、铜、镁、硒等的吸收。这是因为钙、铁等金属离子必须在小肠黏膜上处于溶解状态时才能有效地被机体吸收。然而小肠环境偏碱性，钙、铁易与磷酸形成不溶性盐，从而大大降低了钙、铁的吸收率。CPPS可与钙、铁等金属离子形成可溶性复合物，在小肠中使可溶性钙、铁浓度提高，从而增强肠道对钙、铁的吸收。

（9）小分子肽被人体吸收后，可以直接作为神经递质，间接刺激肠道受体激素或酶的分泌而发挥作用。

（10）小分子肽可以促进肠道黏膜结构和功能发育。小分子肽可优先作为肠黏膜上皮细胞结构和功能发育的能源底物，有效促进肠黏膜组织的发育和修复，从而维持肠道黏膜正常结构和机能。

第 2 章

活性肽的主要生理功能

2.1 人体内几种重要的活性肽

　　已知自然界生物体中存在着数万种生物活性肽,而我们人体中具有活性的肽就有1 000种之多,仅脑中就存在近40种,人们还在不断地发现、分离、纯化新的活性肽物质。

　　通常,人们依据生物活性肽的作用和分泌部位将其分为下丘脑–垂体肽激素、消化道激素、其他激素和活性肽。

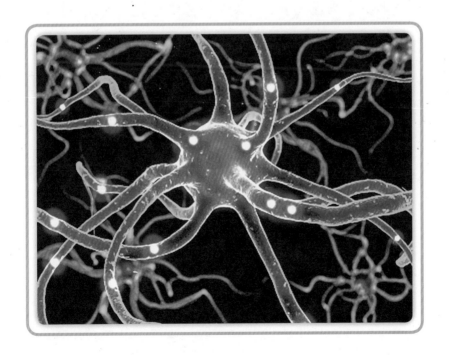

1）下丘脑–垂体肽激素

丘脑与垂体紧密相连,组成神经内分泌调节系统。包括促肾上腺皮质激素、促甲状腺素释放激素、促性腺素释放激素、生长激素释放激素(CHRH)、生长激素抑制素(CHIH)、促黑色素细胞抑制激素(MRIH)、促黑色素细胞释放激素(MRH)、催乳素释放激素(PRH)、催乳素抑制激素(PIH)、促皮质素释放激素(LRH)、抗利尿激素(ADH)和催产素等。

2）消化道激素

由胃肠道合成的肽类激素包括促胃泌素(34肽)、肠促胰液素(27肽)、缩胆囊素(8肽)、胃动素(22肽)、血管活性肠肽(28肽)、神经降压肽(13肽)等。现已证明,许多胃肠道肽类激素在大脑和外周神经系统中也有发现,称为脑肠肽。这些肽类物质不断调整机体的反应性,以适应内外环境的变化,保证机体的健康状态。

3）其他激素和活性肽

其他激素和活性肽包括胸腺肽、胰岛素、胰高血糖素、降钙素、血管紧张肽Ⅰ(10肽)、Ⅱ(8肽)、Ⅲ(7肽)、内啡肽、脑啡肽、谷胱甘肽等。

下面介绍人体内几种重要的小分子活性肽。

1）谷胱甘肽

谷胱甘肽(GSH)是一种含γ-酰胺键和巯基的3肽,由谷氨酸、半胱氨酸及甘氨酸组成,存在于身体的几乎每一个细胞中。谷胱甘肽能帮助人体保持正常的免疫系统功能,并具有抗氧化作用和整合解毒作用。

2）促甲状腺素释放激素

促甲状腺素释放激素是由下丘脑合成分泌的一种3肽物质，它能促进腺垂体分泌促甲状腺素，后者促进甲状腺细胞增生、合成并分泌甲状腺激素。

3）胸腺肽

胸腺肽是胸腺组织分泌的具有生理活性的5肽物质。临床上常用的胸腺肽是从小牛胸腺发现并提纯的有非特异性免疫效应的小分子多肽。胸腺肽能促进淋巴细胞转化，增强巨噬细胞吞噬活性，可用于治疗多种免疫缺陷病。

4）脑啡肽

脑啡肽是由5个氨基酸残基组成的神经肽。脑啡肽广泛存在于中枢神经系统中，在下丘脑前部、尾状核及苍白球处有较高的活性，在中枢神经系统中起神经递质或神经调节物作用，参与抑制痛觉传导，与体温调节、心血管调节、内分泌激素的释放均有关。

5）加压素

加压素（又称抗利尿激素）是由下丘脑的视上核和室旁核的神经细胞分泌的9肽激素，经卜丘脑-垂体束到达神经垂体后叶后释放出来。其主要作用是提高远曲小管和集合管对水的通透性，促进水的吸收，是尿液浓缩和稀释的关键性调节激素。

6）催产素

催产素又称缩宫素，是由下丘脑合成、垂体后叶释放的一种9肽物质。催产素在雌性哺乳动物生产时大量释放，可扩张子宫颈和收缩子宫，促进分娩。催产素还能使人对陌生人产生信赖感，有助于治疗孤独症等病。

7）促性腺激素释放激素

促性腺激素释放激素（GnRH）是下丘脑分泌产生的10肽神经激素，刺激或抑制垂体促性腺激素的分泌，对脊椎动物生殖的调控起重要作用。

8）神经降压肽

神经降压肽（NT）是一种由13个氨基酸组成的内源性多肽，主要存在于下丘脑前部与底部、伏核和隔部，脑干和脊髓中的神经降压肽主要存在于胶质带的小细胞中间神经元和三叉神经运动核等处，可使毛细血管通透性增强、皮肤血管扩张、血压降低、促进胰高血糖素释放，抑制胰岛素释放，刺激胃肠道收缩，抑制胃酸分泌等。

随着人们对生物活性多肽认知的不断深入，近年来科学家们逐渐将目光转向活性肽药物的开发。多肽类药物主要用于治疗癌症、代谢类疾病、心血管疾病、内分泌类疾病、血液病，缓解疼痛，调节认知等各个领域。

2.2 活性肽的主要生理功能

生物活性肽是人体中最重要的活性物质。它在人的生长发育、新陈代谢、疾病以及衰老、死亡的过程中起着关键

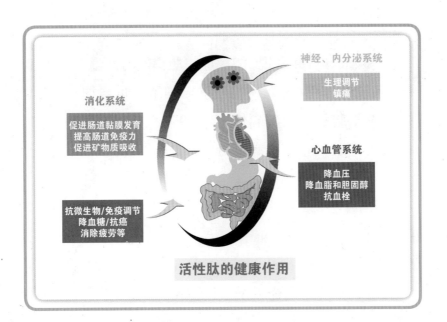

作用。下面介绍活性肽的主要生理功能。

1）增强免疫

干扰素、白细胞介素等生物活性肽能够激活和调节机体免疫反应，显著提高人体外周血液淋巴细胞的增殖。动物实验和临床研究证明胸腺5肽对免疫功能低下和自身免疫疾病患者的免疫功能具有重要的调节作用。

另有研究显示，蛋白水解产生的一些小分子肽具有免疫活性作用。它们不仅能增强机体的免疫力，而且能刺激机体淋巴细胞的增殖和增强巨噬细胞的吞噬能力。这些免疫活性肽可与肠黏膜结合淋巴组织相互作用，而且也可以进入血液与外周淋巴细胞发生作用。此外，小分子肽还可增强肝细胞活力，有效地调整淋巴T细胞亚群的功能，增强体液免疫和细胞免疫功能，从根本上提高人体免疫力，是治疗和预防各种肝病的有效制剂。

李晓玉等研究发现，酶解卵白蛋白小分子肽具有激活免疫系统的作用，可以明显使淋巴细胞数量增加、活性增加，对B细胞的功能（抗体的生成）有很明显的促进作用，对T淋巴细胞的增殖也有很明显的促进作用。

2）抗菌、抗病毒

世界上发现的第一种抗菌肽是天蚕素，是由瑞典科学家Boman等人在1980年用蜡状芽孢杆菌（bacillus cereus）诱导惜古比天蚕（hyalophora cecropia）后产生的有抗菌活性的多肽物质，定名为天蚕素（cecropins）。随后又在其他生物体内陆续发现了多种抗菌肽，如蛙皮素（magainins）、蜂毒素（melittins）、防御素（defensins）等。目前世界上已知的抗菌肽共有1 200多种。由于最初人们发现这类活性多肽对细菌具有广谱高效杀菌活性，因而命名为抗菌肽。

国内外研究成果表明，抗菌肽不仅有广谱抗细菌能力，对部分细菌、真菌、原虫、病毒及癌细胞等均具有强大的杀伤作用。临床试验也表明，在机体感染病菌或可能导致病菌感染的情况下，抗菌肽能快速杀灭已侵入的病菌，并且能阻止病菌的继续感染。自从发现抗菌肽以来，人们已对抗菌肽的作用机理进行了大量研究，目前已知其作用机理是抗菌肽作用于细菌细胞膜，可通过增加细胞膜的通透性来杀死微生物。

由于全球抗生素药物的滥用，越来越多的细菌可能发展成为对传统抗生素耐药的菌株。人们迫切地寻找能够代替传统抗生素的药物,从而使得抗菌肽受到广泛的重视。

3）抗氧化,延缓衰老

抗氧化活性肽是最近被广泛研究的一类天然活性肽,它们能够有效清除体内多余的活性氧自由基,保护细胞膜和线粒体的正常结构,防止脂质过氧化,而氧化与人类的自然老化和许多疾病诸如癌症、糖尿病、动脉硬化和老年痴呆等的发生发展有密切关系。

肌肽和谷胱甘肽等抗氧化活性肽研究得最多。肌肽是大量存在于动物肌肉中的一种天然2肽,它可在体外抑制被铁、血红蛋白、脂质氧化酶和单肽氧催化的脂质氧化作用。

谷胱甘肽（glutathione,GSH）是一种由谷氨酸、半胱氨酸和甘氨酸结合而成的3肽。谷胱甘肽的生物学功能很多,如它能保护细胞膜免受自由基氧化损伤;能保护酶分子中

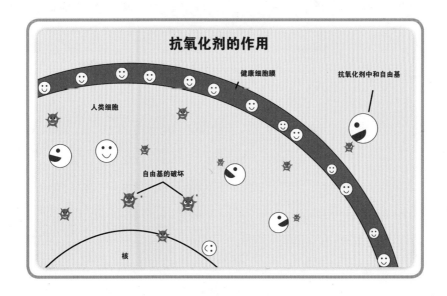

的-SH基,有利于酶活性的发挥,并且能恢复已被破坏的酶分子中-SH基的活性功能,使酶重新恢复活性;能保护血红蛋白不受过氧化氢、自由基等氧化从而使它持续正常发挥运输氧的能力;能抑制乙醇侵害肝产生脂肪肝;能与进入机体的有毒化合物、重金属离子或致癌物质等相结合并促其排出体外,起到中和解毒的作用;能对由放射线、放射性药物或由于抗肿瘤药物所引起的白细胞减少等症状起到很好的缓解作用;能减少色素沉着的发生,阻止和推迟老年斑的出现等。

近几年,来源于食物蛋白的抗氧化活性肽,由于具有良好的抗氧化活性,而且安全性高,备受国内外科学工作者的关注。大豆多肽是目前研究比较多的食源性生物活性肽。研究表明,大豆生物活性肽除了具有如抑制血压升高、抗疲劳、增强免疫功能及降低胆固醇等许多生理功能外,还具有良好的抗氧化作用。荣建华等研究发现,大豆分离蛋白经中性蛋白酶酶解,酶解物具有较强的抗氧化活性,在浓度为 0.1~250 mg/ml 范围内对 ·OH 都有明显的清除作用。

4)降血压

降压肽是一种研究得较多的血管紧张素转换酶 (angiotensin I-converting enzyme inhibitors, ACE)的竞争性抑制剂。血管中的ACE能使血管紧张素Ⅱ生成,从而引起末梢血管收缩致使血压升高,而降压肽能够抑制ACE的活性,阻止ACE水解血管紧张素Ⅰ转变为血管紧张素Ⅱ,减少血管紧张素Ⅱ的生成;同时,阻止催化水解激肽,减缓激肽的破坏，进而起到降低人体血压的作用，是预防和治疗高血压的有效多肽类物质。

植物源降血压肽在国外研究得比较深入。Dziuba等研究发现，大豆蛋白酶解物有良好的降血压作用，可以抑制ACE的活性。Shin等利用高效液相色谱从大豆酶解液中提纯得到了抑制ACE活性最强的片段His-His-Leu，这表明从大豆蛋白中获得的ACE抑制肽在动物体内具有抗高血压活性。

5）降血脂和胆固醇

有研究分析表明，生物活性肽能刺激甲状腺激素分泌增加，促进胆固醇的胆汁酸化，使粪便排泄胆固醇增加，从而起到降低血液胆固醇的作用。许多动物实验和临床实验证明，大豆多肽具有降低血清胆固醇的作用，与大豆蛋白相比具有特殊的优点。对于胆固醇值正常的人，没有降低胆固醇的作用，而对于胆固醇值高的人具有降低胆固醇的作用；对胆固醇值正常的人，食用高胆固醇含量的食品时，有防止血清胆固醇值升高的作用，使胆固醇中LDL值、VLDL值降低，但不会使HDL值降低。

6）抗癌

目前已发现多种生物活性肽具有抗肿瘤活性，这些肿瘤抑制肽不仅是具有肿瘤抑制作用的营养物质，而且已经发展为抗肿瘤药物，成为寻找抗癌药物的研究热点。天然的肿瘤抑制肽主要从海洋生物、两栖动物及多种植物中提取，某些已被投入临床作为抗癌药物使用。这些肿瘤抑制肽主要是通过直接抑制肿瘤生长、抑制肿瘤新生血管生成、激活机体免疫系统从而发挥抗肿瘤作用。如蝎毒抗癌多肽是从东亚钳蝎蝎毒中提取分离的抗肿瘤有效肽,对多种肿瘤具有明显的抑瘤作用,如对肝癌和肺癌有确切的疗效。

7）降血糖

很多生物活性肽具有降血糖功效。苦瓜多肽是研究较多的降血糖生物活性肽,又被称为植物胰岛素,其降血糖机制可能是抑制小肠黏膜α-葡萄糖苷酶活性,减少葡萄糖摄入;保护或修复胰岛β细胞,促进胰岛素分泌,特别是对相对胰岛素分泌不足的糖尿病患者尤为适宜。另外,生物活性多肽能有效地提高机体免疫力,防止糖尿病并发症的发生,促进糖尿病患者的机体康复,是糖尿病患者的理想保健食品。

8）消除疲劳

因生物活性肽易被人体吸收利用,故当体内因消耗过多营养物质,各系统功能处于低效状态而感到疲劳时,服用生物活性多肽能迅速地使体内缺乏的活性物质和营养得以补充,从而改善细胞代谢,恢复失调的内环境,促进机体各系统之间协调地工作而达到消除疲劳的目的。

9）镇痛

自20世纪70年代首次在动物脑内发现内源性镇痛物质内啡肽以来,引起了人们对镇痛肽的极大兴趣。内啡肽是体内自己产生的一类内源性的具有类似吗啡作用的肽类物质。内啡肽包括α-内啡肽、β-内啡肽、γ-内啡肽、蛋氨酸-脑啡肽、亮氨酸-脑啡肽、强啡肽A、强啡肽B等,都具有很强的类吗啡活性。这些肽类除具有镇痛功能外，还具有许多其他生理功能，如调节体温、心血管、呼吸的功能。近年来的研究发现，小分子镇痛肽不仅存在于动物体内，而且存在于植物、微生物中。

10）调节内分泌与神经系统

神经系统与内分泌系统在生理学方面关系密切，下丘脑作为内分泌系统和神经系统的中心，主要通过下述三种途径对机体进行调节：① 由下丘脑核发出的下行传导束到达脑干和脊髓的植物性神经中枢，再通过植物性神经调节内脏活动；② 下丘脑的视上核和室旁核发出的纤维构成下丘脑–垂体束到达神经垂体，两核分泌的加压素（抗利尿激素）和催产素沿着此束流到神经垂体内贮存，在神经调节下释放入血液循环；③ 下丘脑分泌多种多肽类神经激素对腺垂体的分泌起特异性刺激作用或抑制作用，称为释放激素或抑制释放激素。下丘脑通过上述途径，调节人体的体温、摄食、水平衡、血压、内分泌和情绪反应等重要生理过程。

下丘脑分泌多种多肽类神经激素既可作用于神经系统（属神经递质性质），又可作用于垂体（属激素性质），对腺垂体的分泌起特异性刺激作用或抑制作用。两者在维持机体内环境稳定方面又互相影响和协调，例如保持血糖稳定的机制中，既有内分泌方面的激素如胰岛素、胰高血糖素、生长激素、生长抑素、肾上腺皮质激素等的作用，也有神经系统如交感神经和副交感神经的参与。只有在神经系统和内分泌系统均正常时，才能使机体内环境维持最佳状态。

11）防止血栓形成

生物活性多肽能有效促进血小板中前列环素的生成，对血小板聚集和血管收缩都有很强的抑制作用，并且可以对抗血栓素A_2作用，有效地防止血栓素形成，对减少心、脑血管病如心肌梗死和脑梗死的发生有重要作用。生物活性多肽治疗和预防心脑血管疾病的新发现，已为越来越多的研究者所关注。

12）促进矿物质吸收

远端回肠是吸收钙和铁的主要场所，食物中的钙通过胃时，碰到胃酸可形成可溶性钙，当到达小肠时，酸度降低，部分钙、铁即与磷酸形成不溶性盐而沉淀排出，导致吸收率下降。而小分子肽可有效地与钙、铁离子形成可溶性络合物，使钙、铁在整个小肠环境中保持溶解状态，明显地延缓和阻止了难溶性磷酸盐结晶的形成，从而增加远端回肠的钙、铁吸收率。小分子肽还可以作为许多矿物元素，如铁、锰、铜及硒的载体，预防诸如骨质疏松、高血压和贫血等疾病。

2.3　活性肽的分泌周期

体内存在的天然生物活性肽，主要包括体内一些重要内分泌腺分泌的肽类激素，它们是内分泌腺或内分泌细胞分泌的高效生物活性物质,在体内作为信使传递信息,通过调节各种组织细胞的代谢活动,使机体形成一个高度严密的控制系统,从而影响生长、发育、繁殖、代谢和行为等生命过程。

在不同的年龄时期,各种生物活性肽的分泌量也有很大差别,按分泌量划分,人的一生一般可分为以下4个时期:

1)分泌旺盛期(25岁以前的青年期)

这个时期内分泌系统功能旺盛,各种生物活性肽分泌量均衡,人体免疫功能强大,人体一般不易出现疾病。25岁以后分泌量将以每10年下降15%的速度逐年减少。

2)分泌不足期(30~50岁壮年和中年期)

30岁左右,人体各器官组织开始老化萎缩,功能衰退,各种生物活性肽的分泌量只有巅峰期的85%。人到了45岁左右,无论男女从外观(如皮肤急剧松弛、老化)到机体

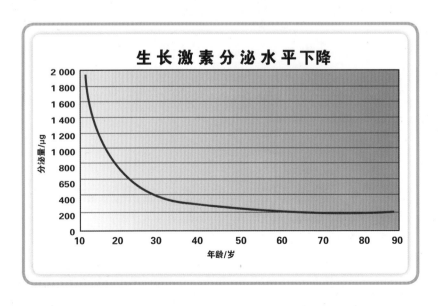

生理（性腺功能减退）都出现急剧的衰退现象，人体神经系统、免疫系统的功能发生一系列的改变，出现各种相关的亚健康状态和轻微疾病症状。

3）分泌匮乏期（50岁以上中年和老年期）

到60岁时，活性肽的分泌量只有巅峰期的1/5左右，到80岁时，只余下不到1/10了。这一时期如果活性肽严重不足和严重失衡，可能出现非常突出的衰老症状，或会引起各种相关疾病发生。

4）分泌终止期

这一时期由于细胞功能衰退，器官功能衰竭和丧失，不再分泌活性肽，从而导致生命走向终结。

随着人体的自然衰老，人体分泌活性肽数量会逐渐减少。而现代生活节奏快、生存竞争激烈、情绪压力大、环境污染，不健康饮食结构等因素造成人体普遍处于"亚健康"状态，各功能器官负荷过重，生理机能下降。外源性小分子肽，不但有极高的营养价值，还具有调节人体的代谢和生理功能，对维持正常的生命活动非常重要。因此，对任何人群来说，补充外源性小分子肽都是非常有益的。

2.4 活性肽在疾病辅助治疗中的应用

大量研究发现，生物活性肽可以通过抗氧化应激、提高机体免疫功能以及抗炎症反应等途径对慢性疾病的发生发展起到预防和治疗作用。生物活性多肽作为营养支持和治疗中的一种特殊营养物质,具有很高的临床应用价值。

1)生物活性肽的抗氧化应激作用

脓毒血症、全身炎症反应和急性呼吸窘迫综合征(ARDS)是临床重症监护(ICU)中一类常见的非常凶险的并发症,在重症患者中死亡率为10%~50%。目前认为,这些病症是由于严重的氧化应激所致。

氧化应激(oxidative stress,OS)是指体内氧化与抗氧化作用失衡,倾向于氧化,导致中性粒细胞炎性浸润,蛋白酶分泌增加,产生大量氧化中间产物。氧化应激的主要后果是引起蛋白质、脂肪、核酸等生物大分子氧化受损,这些氧化损伤被认为是糖尿病及其并发症、高血压、动脉粥样硬化、肿瘤、肺纤维化、肾病变、阿尔茨海默病等疾病以及人体衰老的重要原因。

营养与氧化应激间存在着双重密切关系。一方面,营养素在体内代谢过程中可以产生活性氧及中间产物自由基;过渡金属微量元素,如铁离子、铜离子可促进活性氧生成。另一方面,平衡膳食、合理营养可增强机体的抗氧化防御功能;某些营养素和食物成分能直接或间接地发挥抗氧化作用。

某些食物来源的肽具有抗氧化作用,其中人们最熟悉的是广泛存在于动、植物中的谷胱甘肽和存在于动物肌肉中的天然2肽——肌肽。

目前,国内外对肌肽和谷胱甘肽的抗氧化机理研究较为明确。肌肽主要表现在其侧链上的组氨基酸残基可作为氢的受体，起到清除自由基的作用。肌肽分子中的咪唑基具有螯合金属离子作用，能有效地阻止金属离子的催化作用。谷胱甘肽主要是通过其巯基氧化–还原态的转换，作为可逆的供氢体，在细胞内的水相中起到抗氧化保护作用。另外，谷胱甘肽还可以复活被活性氧损伤的巯基酶和参与体内氧化还原过程，能与过氧化物和自由基结合，抑制活性氧对巯基造成损伤，保护细胞膜中含巯基的蛋白质，并阻止自由基引起器官损伤和各种疾病。

近年来研究发现，大豆多肽含有被激活的组氨酸、酪氨酸和其他活性物质，在人体内能捕捉和消除自由基。大豆蛋白酶解物在体外具有抗氧化活性，Chen等发现大豆蛋白酶解物具有抗亚油酸酯质过氧化作用，并且从中分离得到了6种抗氧化活性肽，其中相对分子质量最小的是一个5肽（Leu-Leu-Pro-His-His）。

通过营养支持手段适当补充生物活性肽，以减少危重应激时的过氧化损伤，减轻有害或过度的炎症反应已成为危重病救治的重要手段。

2）生物活性多肽的免疫营养作用

许多疾病的发生、发展与机体免疫系统的功能失调和免疫功能缺陷有着极为密切的联系。

现代社会生活中各种应激所致的免疫力降低致使目前人们普遍处于"亚健康"状态。因此，寻求科学合理的措施以增强机体免疫功能非常重要。在所有增强机体免疫功能的措施当中,营养调控是最有效和切实可行的。其中,通过多种途径获得的具有免疫调节活性的外源性小分子肽成为过去二三十年来免疫营养学的重要研究内容之一。

人体在疾病状态下,特别是对于术后、严重消化障碍或肝硬化、肝炎、肾衰、肿瘤化疗等危重患者,蛋白质的消化和吸收受到严重限制和影响,这样靠一般饮食补充营养就很难或根本不可能。然而,小分子肽进入体内后,能快速被小肠吸收,最终进入人体血液循环系统、器官及细胞组织,迅速发挥其生理作用和生物学功能。小分子肽可作为良好营养源直接参与蛋白质代谢,纠正患者由于糖代谢异常、机体消耗增加、摄入减少等原因引起的营养不良和免疫力低下,起到营养的作用。此外,小分子肽还能促进氨基酸、矿物质、其他营养物质和药物的吸收。

研究发现,小分子肽进入人体后,可诱导和促进T细胞分化、成熟;刺激B细胞产生并分泌免疫球蛋白参与人体免疫反应;提高自然杀伤细胞(NK)活力;刺激吞噬细胞的吞噬能力,主要提高其吞噬消化功能、分泌功能,参与免疫应答、免疫调节过程,并提高机体抵御外界病原体感染的能力。

小分子肽的研究已成为免疫营养医学中非常活跃的研究领域。由于这些小分子肽具有相对分子质量小、稳定性强,且免疫原性弱、生物活性高等诸多优点,因此可制成各种免疫制剂,用于免疫功能低下、自身免疫性疾病、移植排斥反应等的治疗。

3）生物活性多肽的抗炎症反应作用

炎症反应与免疫反应两者关系很密切。许多免疫因子可激发、诱导和调控炎症反应；炎症反应可以帮助免疫系统抵御病原体，让机体及时发现和修复受损组织，但持续的炎症反应会导致败血症和器官衰竭等副作用。

通过特殊的营养支持来调节机体的炎症免疫反应，预防肠源性感染和多器官功能衰竭，是外科营养支持的重要目的。小分子肽具有较强的抗氧化特性，可以清除体内的自由基，所以可在一定程度上减轻炎症反应，增强机体的免疫力，减少感染及并发症的发生率。

第 3 章

活性肽与常见慢性疾病

"肽几乎被用于治疗任何疾病，无药可与其相比。"

——美尤·格林博士

当人步入中年以后，人体的各项生理机能开始衰退，如新陈代谢速度减慢，荷尔蒙分泌减少，肠胃功能低下，机体的抵抗力下降等，易导致心血管疾病、内分泌失调、骨骼与关节疾病、便秘和肌肉萎缩等老年病的发生和发展。

尤其是近年来，随着人们生活水平提高所带来饮食结构的变化，使得老年人慢性病的发病率越来越高，并呈现年轻化趋势。

慢性病属于病程长、病因复杂、健康损害和社会危害严重且通常情况下发展缓慢的疾病。心脏病、中风、癌症、慢性呼吸系统疾病和糖尿病等慢性病是迄今世界上最主要的死因，占所有死因的60%以上。

随着肽生物学研究的不断深入，人们发现生物活性肽对多种慢性病都有健康辅助作用，甚至有治疗作用。

3.1 活性肽与高血压

高血压是一种以动脉压升高为特征，可伴有心脏、血

管、脑和肾脏等器官功能性或器质性改变的全身性疾病，它有原发性高血压和继发性高血压之分。高血压发病的原因很多，可分为遗传和环境两个方面。高血压是最常见的慢性病，也是心脑血管病最主要的危险因素。我国每年有300万人死于心血管疾病，占全部死亡原因的40%，是我国居民的头号杀手。按WHO的标准，人体血压的收缩压≥140 mmHg和（或）舒张压≥90 mmHg，即可诊断为高血压。收缩压在140~159 mmHg和（或）舒张压在90~99 mmHg范围内为轻度高血压。正常人的收缩压随年龄增加而升高，故高血压病的发病率也随着年龄的上升而升高。

长期的高血压可促进动脉粥样硬化的形成和发展。冠状动脉粥样硬化会阻塞血管或使血管腔变狭窄，或因冠状动脉功能性改变而导致心肌缺血缺氧、坏死而引起冠心病。冠状动脉粥样硬化性心脏病是动脉粥样硬化导致器官病变的最常见类型，也是严重危害人类健康的常见病。

高血压患者的脑动脉如果硬化到一定程度时，再加上一时的激动或过度的兴奋，如愤怒、突然事故的发生、剧烈运动等，会使血压急骤升高，脑血管破裂出血，血液便溢入血管周围的脑组织，此时，病人会立即昏迷，跌倒在地，所以俗称中风。高血压患者血压越高，中风的发生率也就越高。

高血压对肾脏的损害是另外一个严重的并发症，其中高血压合并肾衰竭约占10%。急骤发展的高血压可引起广泛的肾小动脉弥慢性病变，导致恶性肾小动脉硬化，从而迅速发展成为尿毒症。

由于部分高血压患者并无明显的临床症状，高血压又被称为人类健康的"无形杀手"。因此提高对高血压病的认识，对早期预防、及时治疗有极其重要的意义。

对高血压患者实施降压药物治疗是通过降低血压，有效预防或延迟脑卒中、心肌梗死、心力衰竭、肾功能不全等心脑血管并发症发生；有效控制高血压的疾病进程，预防高血压急症、亚急症等重症高血压发生。

将血压降低到目标水平（140/90 mmHg以下；高风险患者130/80 mmHg以下；老年人收缩压150 mmHg以下），可以显著降低心脑血管并发症的风险。心血管危险与血压之间的关系在很大范围内呈连续性,即便在低于140/90 mmHg的所谓正常血压范围内也没有明显的最低危险阈值。因此,应尽可能实现降压达标。

降压肽,又称血管紧张素转化酶抑制肽,通常指通过对血管紧张素转化酶(angiotensin converting enzyme,ACE)抑制作用而具有调节血压功效的肽类。

血管紧张素转化酶(ACE)的主要作用是将血管紧张素Ⅰ转化为具有强烈缩血管作用的血管紧张素Ⅱ,血管紧张素Ⅱ是已知最强的收缩血管物质之一,它作用于小动脉,使血管平滑肌收缩,迅速引起升压效应;同时,血管紧张素Ⅱ通过刺激醛固酮分泌,促进人体肾脏对Na、K的重吸收,引起钠贮量和血容量的增加,使血压升高。此外ACE还能够催化有促血管舒张作用的缓激肽水解。而降压肽的主要药理作用是抑制ACE活性,减少血管紧张素Ⅱ的生成,减少缓激肽的水解,导致血管舒张,血容量减少,血压下降。

降压肽在人体内广泛存在,也是人体内存在的天然的具有血压调节的生物活性多肽。主要包括利钠利尿肽家族、降钙素基因相关肽(由37个氨基酸残基组成)、肾上腺髓质肽(由52个氨基酸残基组成)、神经降压肽(由13个氨基酸残基组成)、缓激肽(血管活性9肽)等。

用动植物蛋白质酶解获得ACE抑制肽已成为当今世界科技界、医学界研究的热点。近年来,已从动物、植物和海洋鱼类蛋白水解物中发现大量的降压肽。通常这些降压肽都是相对分子质量很小的短肽,一般只包含几个氨基酸残基,相对分子质量在1 000道尔顿以下。这些小分子活性肽可以快速地通过消化黏膜进入血液循环,起到降压的效果。表3-1仅给出一些卵蛋白水解物来源的降压肽种类。

表3-1 一些卵蛋白来源的降压肽①

肽的氨基酸序列	来　源	活　性
FRADHPFL	卵白蛋白	舒张血管/降血压
RADHPF	卵白蛋白	舒张血管/降血压
RADHPFL	蛋清	ACE抑制/降血压
YAEERYPIL	蛋清	ACE抑制/降血压
IVF	蛋清	ACE抑制/降血压
FGRCVSP	卵白蛋白	ACE抑制
ERKIKVYL	卵白蛋白	ACE抑制
FFGRCVSP	卵白蛋白	ACE抑制
LW	卵白蛋白	ACE抑制/降血压
FCF	卵白蛋白	ACE抑制
NIFYCP	卵白蛋白	ACE抑制
RADHP	蛋清	ACE抑制/降血压

① 引自: Fang H, Luo M, Sheng Y, et al. The antihypertensive effect of peptides: a novel alternative to drugs? Peptides, 2008, 29 (6): 1062–1071.

由于天然的降压肽没有毒副作用,具有较高的亲和力,具有合成降压药物无法比拟的独特优势,作为一种新的降压药物受到人们越来越广泛的关注。考虑到降压肽纯品的成本,人们逐渐倾向于把酶解产物通过初步的分离后作为一种活性短肽的混合品加以使用。复合小分子肽不但具有较高的降血压功能，还具有一定的保健和营养价值，可以通过长期服用达到预防、控制、缓解、辅助治疗高血压的目的。

3.2　活性肽与糖尿病

糖尿病是由于胰岛素分泌缺陷或其生物作用受损不能发挥正常生理作用而引起的一种常见的以高血糖为特征的内分泌代谢性疾病。当人体长期处于高血糖状态，会导致各种组织，特别是眼、肾、心脏、血管、神经的慢性损害和功能障碍。

随着生活方式的改变和老龄化进程的加速,我国糖尿病的患病率正呈上升趋势,已成为继心脑血管疾病、肿瘤之后的另一个严重威胁人类健康的慢性非传染性疾病。据世界卫生组织统计,糖尿病并发症高达100多种,是目前已知并发症最多的一种疾病。因糖尿病死亡者有一半以上是心脑血管所致,10%是肾病变所致。它的急慢性并发症,尤其是慢性并发症累及多个器官,致残、致死率高,严重危害患者的身心健康,并给个人、家庭和社会带来沉重的负担。

尽管目前已经有很多针对糖尿病的治疗药物,加上饮食和锻炼都能有助于糖尿病病情的稳定和转归,但这些治疗策略还是未能彻底、有效地抑制糖尿病、高血压及其在发病过程中心血管等并发症的发生。因此,从天然食物资源中探寻和开发新型的、更安全的功能性活性物质具有非常重要的意义。

目前发现很多生物活性肽具有降血糖作用,包括内源性血糖调节肽和外源性血糖调节肽。内源性血糖调节肽研究最多的是胰高血糖素样肽(glucagon-like peptides,GLPs)。其中胰高血糖素样肽-1(GLP-1)对调节餐后葡萄糖水平起重要作用,是一种有潜力的治疗糖尿病的肽类药物。GLP-1是回肠内分泌细胞分泌的一种脑肠肽(37肽),目前主要作为Ⅱ型糖尿病药物作用的靶点。

研究发现,GLP-1能促进β细胞的再生和修复,促进胰岛素基因的转录、胰岛素的合成和分泌,并可刺激胰岛β细胞的增殖和分化，抑制胰岛β细胞凋亡，增加胰岛β细胞数量；减少胰岛α细胞分泌胰高血糖素；增强胰岛素的敏感性；降低游离脂肪酸浓度；抑制胃排空，减少肠蠕动。此外，GLP-1还可作用于中枢神经系统（特别是下丘脑），从而使人体产生饱胀感和食欲下降。

GLP-1的各种功能使其作为一种新型的Ⅱ型糖尿病治疗药物具有诱人的前景，尤其因其具有葡萄糖依赖性的促胰岛素分泌特性，即GLP-1是在营养物质特别是碳水化合物的刺激下才释放入血的，从而避免糖尿病患者在治疗过程中常存在的低血糖危险。

抑胃肽（gastric inhibitory polypeptides，GIP）又称葡萄糖依赖性促胰岛素释放肽，是由43个氨基酸组成的直链肽，属于胰泌素和胰高血糖素族，相对分子质量为5 100，由小肠黏膜的K细胞所产生，与GLP-1共同称为肠促胰岛素。大量研究表明，GIP可在脂质代谢平衡调节和Ⅱ型糖尿病、肥胖发病中起一定作用。它的生理作用为：抑制胃酸分泌；抑制胃蛋白酶分泌；刺激胰岛素释放；抑制胃的蠕动和排空；刺激小肠液的分泌；刺激胰高血糖素的分泌。

近年来，人们从动植物和海洋生物中提取得到许多具有降血糖活性的多肽类物质，其中苦瓜多肽是目前国内外学者研究较多的一种外源性降血糖生物活性肽，又被称为植物胰岛素。与传统治疗糖尿病的药物相比，这些具有降糖作用的生物活性肽具有活性高、副作用小的特点，有望开发成为预防或治疗糖尿病的功能食品或药物。

3.3　活性肽与高脂血症

　　高脂血症是由于脂质代谢或运转异常使血清或血浆中一种或多种脂质水平高于正常的病症。经大量流行病学、临床和实验研究证实，高脂血症是动脉粥样硬化的首要危

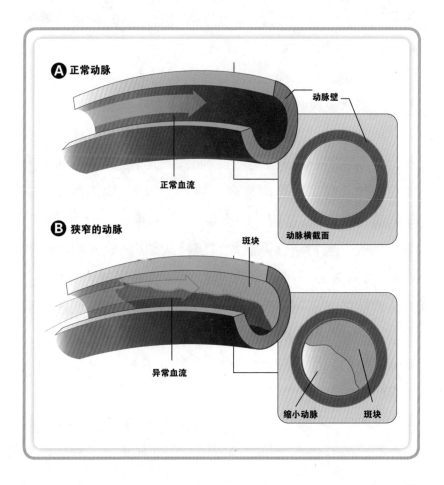

险因素,与冠心病、脑血管疾病的发病率有直接关系。动脉硬化发展到严重程度,可出现心绞痛、心律失常、心力衰竭、心肌梗死或猝死等;脑动脉硬化会导致脑血栓形成、脑出血,最终导致偏瘫或死亡。

高脂血症可分为原发性和继发性两类。原发性与先天性和遗传有关,是由于单基因缺陷或多基因缺陷,使参与脂蛋白转运和代谢的受体、酶或载脂蛋白异常所致。继发性多发生于代谢性紊乱疾病或与其他因素如年龄、性别、季节、饮酒、吸烟、饮食、体力活动、精神紧张、情绪活动等有关。

大量的临床实验表明,心血管疾病的发生率和死亡率随着血清总胆固醇和LDL胆固醇水平的下降而降低。

研究发现,生物活性肽具有降低胆固醇和甘油三酯水平,升高高密度脂蛋白,促进脂肪代谢运转,减少脂肪肝生成的功效。其主要作用机理包括:胆汁酸是胆固醇在肝中降解的代谢产物,是胆汁的重要成分,有助于脂质在肠道的消化吸收。生物活性多肽能与胆汁酸结合,阻断胆汁酸的重吸收,有效减少胆固醇的消化吸收,促使其排出体外;生物活性肽能降低胆固醇的合成,降低血清中LDL胆固醇水平,升高HDL胆固醇水平;生物活性肽能提高肝脏甘油三酯分解酶的活性,降低血清中三酰甘油的水平,从而有效减少脂肪肝的生成。

此外,许多流行病学资料显示,肥胖人群的平均血浆胆固醇和三酰甘油水平显著高于同龄的非肥胖者。除了体重指数（BMI）与血脂水平呈明显正相关外，身体脂肪的分布也与血浆脂蛋白水平关系密切。

生物活性肽能直接作用于神经递质、间接刺激肠道受体激素或酶的分泌而发挥生理作用，如刺激小肠黏膜释放胆囊收缩释放肽，刺激小肠黏膜细胞释放分泌胆囊收缩素（CCK）。CCK分泌引起胆囊的强烈收缩，促进了胆汁酸化，从而促进胆固醇的排泄，同时由于胆囊收缩素的大量分泌，刺激神经系统而调节下丘脑中枢饱觉区，最终导致饱腹感和停止进食。

随着人们生活水平的不断提高、饮食结构的改变及受不良饮食习惯的影响，高脂血症患者日益增多，直接导致心脑血管疾病的发病率较大幅度上升。鉴于长期服用传统药物治疗或多或少产生一定的毒副作用，而生物活性多肽表现出良好的降血脂特性，并且对人体无任何毒副作用，人们将会开发出越来越多的生物活性肽用于临床辅助治疗高脂血症。

3.4 活性肽与老年痴呆

随着现代医学的进步和发展，人类的寿命在不断延长，在世界范围内，特别是我国人口老龄化趋势在迅速增长，老年痴呆发病率呈上升趋势，严重影响老年人的生存质量，也

给个人、家庭和社会带来沉重的经济负担。

老年痴呆也就是我们常说的阿尔茨海默病（Alzheimer's），是一种神经退行性疾病，临床上以多种认知功能障碍和行为改变为特征。老年痴呆病人的平均生存期为5.5年，老年痴呆症继心血管病、脑血管病和癌症之后，成了老人健康的"第四大杀手"。

目前，全世界约有4 000万老年痴呆患者（其中一半在亚太地区），且每年以460万新增病人速度增长，相当于每7秒钟就增加一位新病例。在我国，据不完全统计，老年痴呆人群已超1 000万，无论是患者总数还是增长速度都位列全球第一，而80岁以上的老年性痴呆患病率约为30%，即每

3人当中就有一位。

老年痴呆发病机制复杂,病因不明,其特征性病理改变为β淀粉样蛋白沉积形成的细胞外老年斑和tau蛋白过度磷酸化形成的神经细胞内神经原纤维缠结以及神经元丢失伴胶质细胞增生等。有人认为与神经递质生物合成酶的活性降低有关;也有人提出是因神经组织过氧化、自由基产生过多导致细胞病理性老化所致。目前还没有特效药预防和逆转其潜在的神经功能衰退。

神经肽能改善老年人认识记忆能力,减轻抑郁情绪和无力。神经肽泛指存在于神经组织并参与神经系统功能作用的内源性活性物质,其特点是含量低、活性高,在体内调节多种生理功能,如痛觉、睡眠、情绪、学习与记忆乃至神经系统本身的分化和发育。

酸性肽是新发现的小分子神经肽,是由三个氨基酸链接而成的3肽物质,具有抑制神经元凋亡的作用,是由谷氨酸或天门冬氨酸这两种酸性氨基酸本身或与其他氨基酸连接而形成的寡肽。动物实验表明酸性肽对老年痴呆症引起的认知功能障碍和学习记忆力减退有显著的改善和增强作用,具有防治老年痴呆的作用。

神经生长因子(NGF)是神经营养因子中最早被发现,目前研究最为透彻的,具有神经元营养和促突起生长双重生物学功能的一类小分子多肽物质,它对中枢及周围神经元的发育、分化、生长、再生和功能特性的表达均具有重要的调控作用。NGF可保护神经元,具有促进神经损伤恢复的作用,可改善老年痴呆患者学习记忆功能障碍。

许多研究表明,衰老引起的学习记忆能力下降与自由基损伤密切相关。随着年龄的增加,体内抗氧化酶的活性逐渐下降,使得清除自由基的能力下降,氧自由基在体内增多,由于脑耗氧量较高,含有丰富的不饱和脂肪酸,因此更容易受到自由基的攻击,功能下降,引起学习记忆能力的下降。生物活性肽具有良好的抗氧化活性,能有效清除大脑中特别是海马区的活性氧自由基,这可能是它可以改善学习记忆能力的机制之一。

近年来,科学家们发现了个体睡眠问题和老年痴呆之间的关联。研究发现,睡眠的缺失会引发大脑中斑块的产生,增加个体患痴呆症的风险。研究发现一些生物活性肽能使小鼠睡眠时间延长,同时减缓大脑斑块的形成。

3.5　活性肽与肿瘤

目前肿瘤已成为仅次于心脑血管疾病的第二大杀手。常见的化疗和放疗手段往往存在严重的副作用,因此寻找高效、低毒的抗肿瘤药物是目前的热点之一。抗肿瘤肽类药物因具有相对分子质量小、多存在内源性靶点、极易穿透肿瘤细胞、提高免疫应答、抑制肿瘤血管形成、抑制肿瘤生长和转移、不易产生耐药性等特点,在肿瘤治疗上有重要

价值。

生物活性肽的抗肿瘤机制包括抑制肿瘤DNA合成,阻止肿瘤新生血管生成和转移、诱导肿瘤细胞凋亡等,但具体机制较为复杂,不同的活性肽对不同肿瘤的作用不同。

1)增强免疫作用

多数抗肿瘤生物活性多肽是通过机体的特异性和非特异性免疫功能而发挥作用的。例如胸腺肽、白介素等免疫活性肽,它们不仅能增强机体的免疫力,发挥免疫调节作用,还能刺激机体免疫淋巴细胞的增殖,增强免疫器官的免疫应答能力及巨噬细胞的吞噬能力,提高机体对肿瘤的免疫力。促吞噬素(Tuftsin)是机体内天然存在的4肽物质。Tuftsin作为一个参与免疫调节的体液因子,具有显著的抗肿瘤作用,通过激活多核白细胞、单核细胞、巨噬细胞,提高它们的吞噬、游离及产生细胞毒的功能,从而增强机体细胞免疫功能。

2）直接抑制肿瘤生长的作用

生物活性肽可通过促进淋巴细胞增殖、白介素或细胞因子的释放以及提高NK细胞活性等途径抑制肿瘤细胞增殖，而另一种抗肿瘤机制为通过激活抑癌基因表达水平，诱导癌细胞凋亡、抑制肿瘤细胞生长。Issaeva等合成了一个小分子9肽（Fl-CDB3），发现其可以被肿瘤细胞摄入，并引起野生型p53蛋白显著升高。Chène等合成一个小分子8肽，发现其可通过抑制p53-hdm2相互作用，诱导肿瘤细胞的凋亡。

3）抑制肿瘤转移的作用

肿瘤转移的过程和机制非常复杂，而免疫系统不能有效攻击和清除肿瘤细胞是转移灶形成的主要因素之一。肿瘤转移涉及肿瘤细胞、血管内皮与细胞外基质间（ECM）的相互作用。现已明确，肿瘤细胞与ECM的作用是由于肿瘤细胞表面的整合素等分子特异性识别ECM分子的某些氨基酸序列，并与之结合后产生的。人工合成的这些多肽，进入体内与肿瘤细胞结合，从而抑制肿瘤细胞的粘附和转移。如研究最多的3肽（精氨酸-甘氨酸-天冬氨酸）能够抑制肺癌细胞与纤维连接蛋白（fibronectin，FN）的粘附。

4）抑制肿瘤新生血管的生成

原发肿瘤的生长和转移依赖于血管新生，肿瘤组织既可通过肿瘤血管从宿主获取营养和氧气，又可通过肿瘤血管向机体其他部位输送转移细胞，继续生长和诱导血管生成,导致肿瘤转移。

很多生物活性肽能抑制肿瘤新生血管的生成,比如奥曲肽作为一种强效生长抑素(SST)类似物,在体内外均可明显抑制肿瘤血管的生成;而RGD序列肽也能干扰肿瘤血管生成,其可阻断血管内皮细胞表面整合素αVβ3与细胞外基质(ECM)的联系,从而抑制肿瘤细胞的生长和转移。

3.6　活性肽与肝损伤

"肽能使无论何种病因引起的肝病得到明显的好转。"

——加拿大克雷尔·辛斯教授

肝脏是人体消化系统中最大的消化腺,人体从食物中摄入的蛋白质、糖、脂肪和维生素等营养物质,最终是在肝脏或肝脏的参与下完成代谢的,因此被人们称为人体的"加工厂"。此外,肝脏也是人体最大的解毒器官,负责分解人体吸收的有毒物质;肝细胞能生成胆汁,通过胆囊管和胆总管把胆汁排泄到小肠,以帮助食物消化吸收;肝脏血液供应非常丰富,是体内的血库之一,可以调节血液供应量;肝脏是最大的网状内皮细胞吞噬系统,具有吞噬细菌和病毒的作用,参与调节免疫、炎症反应及调控组织和基质修复等功

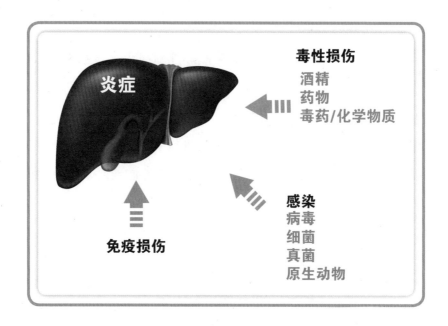

能；肝脏还具有极强的再生和恢复能力。

　　现代人生活节奏快、压力大、过度劳累、过量饮酒、环境污染以及摄入药物的毒副作用,常常会造成肝脏负担过重,超过了人体正常肝细胞的解毒和恢复能力,肝细胞的内膜系统就会逐渐失去稳定性而受到不同程度的破坏,从而出现肝细胞疏松、空泡化,甚至坏死。如不及时治疗,就容易变成肝硬化、肝腹水甚至变成肝癌,危及生命。

　　小分子肽营养丰富,具有多种生理活性,可从几个方面保护肝脏免受损伤:

　　(1)小分子肽相对分子质量小,易消化吸收,可为受损肝细胞的修复和再生提供全面的营养支持,是非常理想的肝细胞营养源。

　　(2)小分子肽可修复受损肝细胞。小分子肽可直接渗透到肝细胞,刺激肝细胞DNA合成、促进肝细胞再生,从而恢复肝功能。

(3)小分子肽具有抗脂质过氧化、清除自由基,从而保护肝细胞膜、线粒体膜和内质网免受酒精或其他化学性损伤。

(4)小分子肽能调节肝脏自身的免疫功能,对吞噬细胞、T细胞、NK细胞均具有免疫增强作用,消除各种外来入侵和内源性的抗原物质。如清除血液中已存在的乙肝病毒,使HBsAg转阴,并产生保护性抗体,清除侵入肝细胞内的肝炎病毒核心抗原,清除已被感染病变的肝细胞等。

(5)小分子肽可以提升肝脏白蛋白合成能力。白蛋白是球蛋白的一种。当肝脏病变时,白蛋白合成、运输均可发生障碍,引起血清白蛋白含量下降,在肝硬化时,白蛋白合成明显减少。

(6)小分子肽还能清除或减轻放化疗对肿瘤病人的肝脏毒副作用。

(7)小分子肽可改善肝细胞的功能和活力,促进脂肪代谢运转,清除肝脏周围的脂肪,消除脂肪肝。

(8)小分子肽能保护肝细胞不受毒性物质损伤,减少损伤后肝细胞释放的可溶性致纤维化因子,从而减少了肝星状细胞(HSC)活化,抑制肝纤维化的发生发展。

小分子肽不仅对肝细胞有良好的营养作用,而且能保护肝脏细胞免受损伤,无论用于药品还是保健食品,在保肝护肝方面都有广泛的应用前景。

3.7　活性肽与骨质疏松

　　骨质疏松是一种代谢性骨病变,其主要特征为全身骨量减少、骨骼逐渐变薄变弱、骨组织的显微结构和功能退化、骨质变得疏松多孔,骨骼逐渐变薄变弱,并伴有全身骨痛,体态变形,骨骼的脆性增加,易患骨折。骨质疏松可分为原发性、继发性和特发性三类。原发性骨质疏松是随着年龄的增长必然发生的一种生理性退行性病变;继发性骨质疏松则是由于各种全身性或内分泌代谢性疾病引起的骨

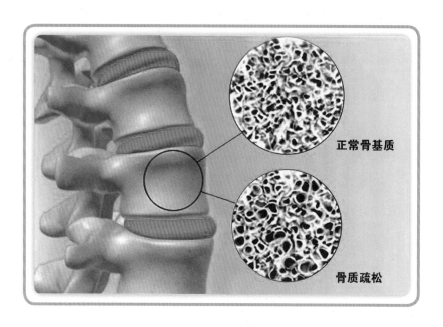

正常骨基质

骨质疏松

组织量减少；特发性骨质疏松症，多见于8~14岁的青少年或成人，多半有遗传家庭史，女性多于男性，妇女妊娠及哺乳期所发生的骨质疏松也可列入特发性骨质疏松。

老年人骨质疏松发病率较高，并且女性多于男性。很多老年人容易感到周身疲乏，四肢无力，腰酸背痛。有的老人身高变矮，甚或驼背，这些都是骨质疏松的信号。根据世界卫生组织（WHO）的标准，美国国家健康和营养调查（NHANES Ⅲ，1988—1994年）结果表明，骨质疏松严重影响老年人生活质量，50岁以上人群中，1/2的女性、1/5的男性在他们的一生中都会出现骨质疏松性骨折，一旦患者经历了第一次骨质疏松性骨折，继发性骨折的危险明显加大。

随着社会老龄化的进程，中国老年人骨质疏松症的发病率呈上升趋势。尽管骨质疏松常见于老人，但各年龄时期均可发病。人的一生在20岁前逐渐完成骨骼生长，30~35岁时骨骼最强壮，到40岁左右，骨的再建和新骨的形成逐渐减少或速度减慢。

导致骨质疏松原因很多，钙的缺乏是被大家公认的因素。钙是人体重要元素之一，人体内的绝大部分钙都储存在骨组织中，骨钙总量约占人体总钙总量的99%，其余1%分布在血液、细胞间液及软组织中。钙不仅是构成骨骼和牙齿的主要成分，并且具有保证心脏规律地跳动、肌肉收缩、神经兴奋和抑制、血液凝固等作用。

骨钙的组成主要是羟磷灰石结晶，占骨骼重量的40%以上，其次是碳酸盐、柠檬酸盐以及少量氯化物和氟化物的形式。骨钙对维持血钙的浓度极为重要，被称作人体钙元素的"储存库"。当血钙浓度降低时，可迅速动员骨钙补充。当体内的钙丢失量多于摄入量时，骨骼就会脱钙，从而产生骨质疏松症。

现在市场上补钙产品种类繁多，主要有无机钙、有机酸钙和螯合钙。前两者的消化吸收均是依靠胃酸分解，形成钙溶液而进入肠道后，大量钙离子在碱性环境下易生成难溶性的沉淀，导致实际被小肠吸收的钙离子量很少。大量游离的钙离子与其他食物中的草酸等弱酸结合形成难溶性钙盐，也会影响钙离子的吸收。

螯合钙是目前比较流行的钙补充剂。小分子肽或氨基酸可以和钙形成稳定的络合物，在小肠内不能碱化生成沉淀，没有其他钙盐的缺点，钙的吸收十分完善。如酪蛋白磷酸肽（简称CPP）。CPP在中性和碱性条件下，可以有效地避免钙在小肠中性和偏碱性环境中沉淀，促进钙的吸收。牛乳是一种全价营养食品，其中富含金属钙，所以牛奶是钙质的良好来源。但是牛奶中的钙吸收并不完全，易在肠道中形成难溶性的钙盐而排出体外。在牛奶中添加适当的CPP，可大大增强钙吸收。

骨质疏松症的药物治疗通常采用促进骨形成和抑制骨流失两种方法。前者有骨生长肽（osteogenic growth peptide，OGP），后者有降钙素等。

降钙素是一种含有32个氨基酸的直线型多肽类激素，是调节钙代谢的内源性激素，能直接作用于破骨细胞上的降钙素受体,抑制破骨细胞对骨的吸收。体外骨培养证明:降钙素抑制骨的吸收,又能抑制骨自溶作用,使骨骼释放钙减少,同时骨骼不断摄取血浆中的钙,导致血钙降低。降钙素还可抑制骨盐的溶解与转移,抑制骨基质分解,提高骨的更新率,增加尿钙、尿磷排泄,引起低钙血症或低磷血症,在体内的降低血钙作用很短暂。降钙素还可对抗甲状旁腺激素对骨骼的作用。

骨生长肽(osteogenic growth peptide,OGP)是由14个氨基酸残基组成的多肽,是一种对骨髓损伤有系统性应答的促进因子,以微摩尔级浓度存在于哺乳动物的血清中。OGP最早由再生骨髓中分离,其C端的OGP(10~14)5肽是保持全部OGP样活性的最小氨基酸序列。OGP及OGP(10~14)5肽是内源性的成骨生长因子,直接作用于成骨细胞。体外实验证实,OGP可刺激成骨细胞和成纤维细胞的增生,促进骨基质矿化,并能增强碱性磷酸酶的活性,能促进骨量增加,防止骨流失。OGP可调节骨髓基质细胞增殖,对整个造血系统有促进作用。

第 4 章

小分子肽与营养支持

科学家们在实验中发现,小分子肽进入身体后直接作用于全身各细胞,它能促进细胞的分裂,增强细胞的新陈代谢,修复人体内各种受损、病变的细胞,使已经病变而退化的组织细胞的生理功能得以迅速恢复,同时能加快蛋白质被人体充分吸收和利用,使机体恢复活力,维持各器官系统机能和代谢的正常进行,维持内环境的稳定。

因此,对于一些术后虚弱的患者,体弱多病的老人,发育生长的儿童,体力或脑力消耗过多的人群以及追求机体健康和年轻态的人群,补充小分子肽营养素就显得非常必要。

4.1　术后病人及其他体弱者的营养支持

术后病人高应激、高代谢常常会使机体处于负氮平衡状态,研究表明此期适宜的肠内营养支持可以减轻病人的自身蛋白分解,降低负氮平衡。

外科病人的临床治疗过程中,常会有一些疾病因妨碍食物的摄入,或因食欲减退、代谢紊乱、消化功能下降影响食物在胃肠道正常消化吸收,造成患者营养不良和免疫功能低下。此外,手术创伤及并发症或伴发的感染等使机体处于高代谢状态。蛋白质是更新和修补创伤组织的原料。如果这时不注意蛋白质的摄取，就会引起血容量减少，血浆蛋白降低，伤口愈合能力减弱，免疫功能下降的现象。

营养不良不仅损坏机体组织、器官的生理功能，降低机体免疫功能，减弱对疾病应激反应的抵抗能力，还会增加手术并发症和死亡率。据报道，营养不良病人术后并发症的发生率20倍于无营养不良者，并且住院时间更长，费用更多，病死率更高。

临床实验表明，对外科疾病患者进行合理的营养支持（nutrition support），可以改善患者的营养状况，促进蛋白质合成和组织修复，减少胃肠液的分泌，促进肠黏膜增殖、代偿，改善肠黏膜的屏蔽功能，调节患者免疫功能，最终对患者疾病的治疗效果和康复产生积极的作用。补充小分子肽营养补充剂能明显改善危重病人的营养状况，提高患者的总蛋白、白蛋白、前白蛋白水平，对改善免疫力、防止肠道菌群移位具有积极作用。

小分子肽营养制剂无需消化分解即可直接被肠上皮细胞吸收利用，适用于胃肠功能不全、吸收面积减少或胰液分泌不足的病人；另外有较低的渗透压，能减少胃肠道副反应，耐受性更强。危重病人的应激系数高，营养及能量消耗主要用于维持重要内脏器官的功能代谢，消化道的消化吸收功能顺应性降低，此期给予短肽型肠内营养可以减轻消化道吸收负担，为机体提供能量及蛋白；同时维持消化道的屏障功能,防止肠道菌群移位。

此外,老人或小孩中体弱多病人群,通常因胃肠消化功能紊乱,造成营养物质无法正常吸收代谢,也同样存在营养不良的情况。处于社会中流砥柱的中青年人亚健康状况也比较严重,有很多人一直处于慢性疲劳的状态。

小分子肽除了可作为优质、安全、可靠的氮源直接参与蛋白质代谢,对于纠正外科治疗患者由于代谢异常、机体消耗增加、摄入减少等原因引起的营养不良状况,还具有能够调节生物机体生命活动或具有特殊生理作用,因此在生物活动中起着非常重要的作用。

1)小分子肽的营养价值

小分子肽营养素补充剂具有全面的营养价值,良好的安全性,并且兼具易吸收、吸收率高的特点,可作为良好的营养补充剂使用。

小分子肽营养素补充剂,除了含有人体所需的20种氨基酸外,还富含种类繁多极易为人体吸收利用的小分子肽。这些小分子肽相对于蛋白质具有更好的吸收率,能被完整地吸收,无需消化,可以直接吸收入血,并能直接参与蛋白质的合成,因此提高了机体对蛋白质的利用率。

机体对小分子肽的吸收比氨基酸更加高效,两者在体内有不同的输送体系。转运小分子肽和转运氨基酸的载体不存在竞争机制,而且小分子肽可以进行主动吸收、优先吸收,吸收过程不需要消耗能量,或消耗的能量比较少。研究还发现,小肽和氨基酸的混合物在人体的吸收率和吸收速度都比单纯氨基酸佳。除此以外，小分子肽的生物学效应比氨基酸要高得多。

2）提高机体免疫力

很多试验证实，小分子肽对动物的体液免疫和细胞免疫可产生影响，可以刺激和促进巨噬细胞的吞噬能力，从而增强人体免疫功能，使机体免疫系统恢复平衡，发挥机体自身的抵抗力去清除、吞噬癌细胞，抑制肿瘤细胞的生长，提高并调整人体内部防御系统。

3）促进伤口愈合

术后构建和修复损坏的组织需要足够的热量和蛋白质。补充小分子肽不但可以改善术后营养不良，快速提供伤口愈合所需要的营养物质，而且还可以通过调节人体的新陈代谢，调节免疫反应，有效地减少感染及并发症的发生率，增强人体自愈力，促进血管形成和组织再生，加快创伤口愈合速度。

4）恢复体力、抗疲劳

小分子肽营养素具有很高的营养价值和多种生理功能。它不但能充分满足人体所需要的能量和营养成分，可迅速为肌肉和器官提供能量来源，而且可对人体重要器官和系统进行全方面调节及修复，恢复人体动态平衡的稳态调节能力，消除疲劳，增强人体抵抗力，使机体迅速恢复活力，缓解神经衰弱，实现由内而外的年轻态。

由于小分子肽具有易吸收、吸收快的特点，作为比较理想的氮源在营养制剂中得到广泛的应用；同时，由于小分子肽具有增强免疫力、抗氧化、抗炎症以及抗疲劳等生物学特性,不但可以改善外科手术患者或体弱多病者的营养状况,而且能增强免疫功能和促进伤口愈合,缩短患者的住院时间。

4.2 小分子肽与生长发育

人的生长发育是指从受精卵到成人的成熟过程。营养是保证小儿正常生长发育、身心健康的物质基础。充足和调配合理的营养是小儿生长发育的物质基础,如营养不足则首先导致小儿体重不增甚至下降,最终也会影响身高的增长和身体其他各系统的功能,如免疫功能、内分泌功能、神经调节功能等。

近年来,许多科学研究表明,小分子肽在营养代谢中占据着重要的地位。小分子肽具有促进蛋白质合成、提高矿物质的吸收率、提高免疫力、调节人体的内分泌和代谢系统功能,促进体格发育、消化系统发育、神经行为发育、骨骼发育、免疫系统发育等作用。

目前发现的小分子肽对生长发育的作用体现在以下几个方面。

1)促进体格发育

大量的科学实验已证明,小分子肽对动物体重和身长的增长有显著作用。

2）促进免疫系统发育

正在发育期的个体，尤其是新生儿的免疫系统发育还不完全，因此在某种程度上增强其体液和细胞免疫功能，对于降低新生儿死亡率和促进婴幼儿发育具有非常重要的现实意义。诸多小分子肽具有免疫调节活性，能刺激胸腺再生，加快淋巴 T 细胞、B 细胞、吞噬细胞的生成，提高免疫功能和抗病毒病菌。

3）促进骨骼发育

研究显示，小分子肽可以促进骨矿物质元素，如钙、磷、锌等的吸收和在骨骼中的沉着以及促进成骨细胞的活性。儿童期的骨量积累对于个体成年后的骨骼状况影响极大，儿童期峰值骨量增加10%，将会使骨质疏松性骨折发生的危险性降低50%。因此，世界卫生组织倡导的骨质疏松的初级预防是在骨骼生长发育期使骨量达到更高峰值，但我国长久以来形成的以植物性食物为主的膳食模式使得我国人对以钙元素为首的骨相关元素的吸收和利用明显不足，因而成年后骨量峰值普遍偏低。虽然目前市面上补钙产品很多，但是，在吸收方面，小分子肽形成的螯合钙，是最优的补钙及补充其他微量元素的方式。

4）促进神经行为发育

研究结果显示，小分子肽可以促进脑神经细胞、树突生成，逆转脑萎缩，加快深度睡眠，治疗老年性痴呆、神经衰弱、记忆力减退、神经性头痛等。

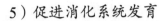

5）促进消化系统发育

小分子肽能促进消化系统的发育和成长，提高消化道各种酶分泌水平，增强消化机能，抵抗肠道感染，增进食欲。

6）促进内分泌系统发育

内分泌系统参与调节人体的代谢过程、生长发育、生殖、衰老等许多生理活动，并协同体内各种生化酶维持人体内环境的相对稳定，以适应复杂多变的体内外变化。当人体内分泌系统出现紊乱时，随之就会出现各种体征。小分子肽能调节内分泌，平衡体内荷尔蒙水平，维持机体代谢正常。

4.3　小分子肽与皮肤养护

人出生后皮肤组织日益发达，功能逐渐活跃，一般25～30岁以后就会开始退化，这种退化往往在人们不知不觉中慢慢进行，40岁以后皮肤老化渐渐明显。在自然衰老的过程中，人体皮肤的真皮中胶原纤维及弹力纤维含量下降，真皮层变薄，使皮肤不再紧致，松弛下垂，出现萎缩及细密的皱纹。

皮肤老化是由自然因素或非自然因素造成的皮肤衰老现象。皮肤得不到良好的保养会加速皮肤衰老的进程。在衰老过程中，皮肤会出现萎缩、塌陷、干燥、粗糙、松弛、皱纹、毛孔粗大、暗淡、色斑等现象。皮肤的功能和状态受到包括衰老、紫外线、激素和营养等各种内源性因素和环境因素的共同影响,其中营养素的摄入与皮肤的衰老有着非常密切的关系。

小分子肽由于其相对分子质量小、易吸收、可用于促进皮肤健康的各个方面,包括中和毒性作用,刺激成纤维细胞的迁移和减少炎症反应等,在皮肤护理和皮肤美容治疗领域得到了越来越广泛的应用。

1)延缓皮肤衰老

小分子肽能促进表皮细胞的生长和新陈代谢;刺激成纤维细胞活性、胶原合成,提供皮肤养分,增强皮肤弹性,改善皮肤细纹、皱纹,延缓皮肤衰老。小分子肽良好的抗氧化作用还能抵御紫外线对皮肤的损伤。

皮肤衰老的自由基学说认为,随着年龄的增长,机体抗氧化能力减弱,清除自由基的能力下降,使得自由基在体内堆积,氧自由基可以与DNA、蛋白质和多不饱和脂肪酸作用,造成DNA链断裂和氧化性损伤、蛋白质-蛋白质交联、蛋白质-DNA交联和脂质过氧化,最终导致皮肤衰老。研究表明,海洋胶原肽可以提高内源性抗氧化酶活性,减少脂质过氧化的产生,减轻对成纤维细胞和胶原蛋白的损坏,使胶原蛋白合成增多,减轻胶原的过度交联,从而延缓皮肤衰老的进程。

2)抗炎症

皮肤炎症通常是指皮肤对于化学制剂、蛋白质、细菌、真菌、干燥的气候等引起的过敏性反应。

小分子肽具有抗损伤和抗氧化等功效,可以清除体内的自由基,减少炎症反应,增强免疫功能,进而增强抗感染能力,提高皮肤对环境侵袭、紫外线、污染物、刺激物、敏化剂及炎性细胞的抵抗力。

3）促伤口愈合

小分子肽能激发机体对物理性损伤的免疫反应和调节免疫功能的恢复,有效地促进表皮细胞和成纤维细胞的生长与增殖,诱导新血管形成与细胞外基质沉积,促进皮肤伤口愈合和功能再生。

实验表明,海洋胶原肽能够促进伤口中羟脯氨酸含量的增加,从而有利于胶原蛋白的合成,并增加胶原蛋白分子的稳定性,增强皮肤的抗拉力强度,促进组织修复,从而促进伤口愈合。

4）预防黄褐斑

黄褐斑产生的主要原因多跟内分泌有关,月经不调、妊娠、服避孕药或肝功能不好以及慢性肾病都可能出现黄褐斑。

小分子肽能调整荷尔蒙,使人体内部生理平衡,改善内分泌功能障碍,使黑体素和脂褐素代谢恢复正常,代谢废物正常排出体外,从根本上改善因内分泌失调引起的黄褐斑。

实验表明,相对分子质量在1 000道尔顿以下的小分子功能肽,无论内服或是外用都极易被人体或肌肤吸收,能够快速参与细胞生理活动,具有极好的美容养颜、延缓衰老的功效。

德国鲍威尔·克鲁德博士说:"找到了一个新的抗衰老药物——肽。肽能使人变得年轻、健康,肽使化妆品世界发生了巨大变化。"

第 **5** 章

活性肽药物的开发

5.1　活性肽药物的特点

过去十多年，由于全新化学结构新药开发难度愈来愈大，投入费用逐年增高，科学家们逐渐将目光转向活性多肽和蛋白质类药物的开发。多肽和蛋白质类药物已成为目前医药研发最为活跃的领域，众多新型的多肽和蛋白质类药物不断涌现。这些药物在治疗艾滋病、癌症、肝炎、糖尿病和慢性疼痛方面效果显著。与小分子化学药物相比，多肽和蛋白质类药物往往更为安全、副作用更小，很少引起严重的免疫反应。

何谓活性肽类药物？按国际药学界通行的分类法，凡氨基酸分子的数量大于100的药物均属于蛋白质类药物（其中包括人们所共知的胰岛素、生长素、干扰素等），而氨基酸分子的数量在100以下的药品属于肽类。作为生物体内各种细胞功能的生物活性物质，肽涉及激素、神经、细胞生长和生殖等各个领域。

相对于蛋白质药物作用机制复杂、副作用强和价格昂贵的特点，活性肽药物具有相对分子质量小、结构简单、无免疫源性；作用机制明确、活性高、用药剂量小、副作用低；易于合成；易从多种途径吸收，给药途径可以多样化；合成纯度高，无致热源等独特优势。其缺点在于：易降解、半衰

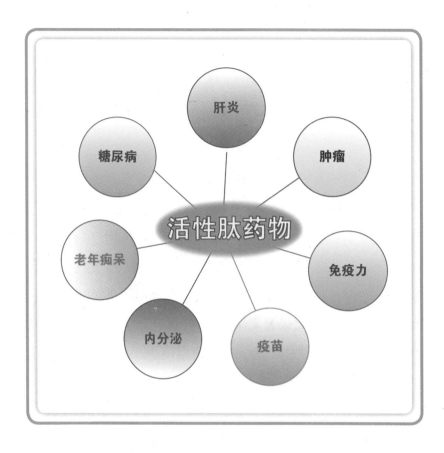

期较短；生物利用度差；大多不能口服，一般为注射剂，需要研发适当的给药方式；大规模合成、分离纯化难度大；大肽具有免疫原性。

目前，人们已经能够利用高科技手段，从动物、植物和微生物中分离出多种多样的生物活性肽，其生理功能主要有免疫调节，促生长发育，抗血栓，抗高血压，降胆固醇，抑制细菌、病毒，抗癌、抗氧化和清除自由基作用，改善元素吸收和矿物质运输等。

生物活性多肽是筛选药物、制备疫苗和保健食品的天然资源宝库。如果我们将20种不同的氨基酸按不同序列排列组合,可以得到成千上万种候选多肽类药物用于治疗不同类型的疾病。目前,世界各国正在竞相研究和开发肽类药物和功能性食品。

5.2　活性肽药物的发展现状

1902年,英国两位生理学家Bayliss和Starling在动物的胃肠道中发现一种能引起胰腺分泌活动的肽类物质,并将其命名为促胰液素(secretin),这是人类历史上第一个被发现的激素,一个由27个氨基酸组成的碱性生物活性肽。到目前为止,人们发现存在于生物体的生物活性多肽有数万种。

1953年科学家维格诺德(Vincent Du Vigneaud)团队合成了可应用到为妇女催生的人工合成催产素。1955年,迪维尼奥因此获得诺贝尔化学奖。催产素是第一个被测序和合成的有生物活性的多肽。

1963年,R.B.Merrifield创立了将氨基酸的C末端固定在不溶性树脂上,然后在此树脂上依次缩合氨基酸、延长肽链、合成蛋白质的固相合成法。在固相法中,每步反应后只需简单地洗涤树脂,便可达到纯化目的,克服了经典液相合成法中的每一步产物都需纯化的困难,为自动化合成肽奠定了基础。为此，Merrifield获得1984年诺贝尔化学奖。

1965年我国科学家完成了牛结晶胰岛素的合成，这是世界上第一个蛋白质的全合成。这一成果促进了生命科学的发展，开辟了人工合成蛋白质的时代。这项工作的完成，极大地提高了我国的科学声誉，对我国在蛋白质和多肽合成方面的研究起了积极的推动作用。由于蛋白质在生命现象中所起的重要作用，人工合成第一个具有生物活力的蛋白质具有极其深远的意义，在人类认识生命现象的漫长过程中迈出了重要的一步。

随着现代生物技术的进步，特别是基因工程技术的引入，使得人们可以在短期内合成更多的多肽药物，并使大规模生产多肽药物成为可能。近年来，多肽药物市场年增长率达20%，远超总体医药市场9%的年增长率，为制药企业带来了巨大的利润。多肽药物因适应证广、安全性高且疗效显著，目前已广泛应用于治疗各种人类疾病如哮喘、过敏、疼痛、关节炎、胃肠功能紊乱、肥胖、骨质疏松、癌症、肝炎、糖尿病和艾滋病等。多肽药物主要包括多肽疫苗、抗肿瘤多肽、多肽导向药物、细胞因子模拟肽、抗菌性活性肽、诊断用多肽及其他药用小肽7大类。

截至目前，国际上已有70多种多肽药物被批准上市，如治疗糖尿病的胰岛素；治疗脑神经疾病（老年痴呆等）和甲状腺疾病的促甲状素释放激素；治疗自身免疫性甲状腺病的甲状腺刺激激素；治疗前列腺癌和生殖系统肿瘤的黄体激素释放激素；治疗风湿性关节炎的促肾上腺皮质激素；产科用药催产素；治疗尿崩症的去氨加压素；用来升高血压的后叶加压素；治疗胃肠道大出血的生长抑素；治疗老年疾病和侏儒症的人生长激素；妇、产科用的绒毛膜促性腺激素、人绝经期促性腺激素、泌乳素；抗焦虑用的促肾上腺皮质激素释放因子；治疗低血糖的胰高血糖素；促进骨钙生成的降钙素；治疗心血管疾病的利钠激素；提高机体免疫力的胸腺激素（胸腺5肽、胸腺法新）等，并有100多种多肽药物进入临床试验，400多种多肽药物正处临床前研究阶段；正在进行临床试验的128个候选多肽药物中，已有40个进入Ⅰ期临床，74个进入Ⅰ/Ⅱ期或Ⅱ期临床，14个进入Ⅱ/Ⅲ期或Ⅲ期临床，而处于Ⅰ期和Ⅱ期临床研究阶段的多肽药物在代谢类疾病和肿瘤治疗领域占主导地位，Ⅲ期临床研究中的多肽药物在肿瘤和感染疾病治疗领域占多数，其中抗肿瘤多肽药物占40%以上。

在全球多肽药物市场中，美国是最主要的市场，拥有超过60%的市场份额；而欧洲拥有大约30%的市场份额；亚洲和其他各地共享剩余的大约10%的市场份额。其中，亚洲多肽药物市场又以日本为主，中国市场则非常小。中国目前在市场销售的只有不到20个多肽药物，它们全为进口或仿制产品，还没有一个自主创新的多肽新药。

由于药物研发投资大，周期长，近几年世界各国对肽类保健品或功能性食品的开发方兴未艾，目前在欧美和日本已经形成广泛的市场。我国也相继开发出了卵白蛋白肽、大豆肽、玉米肽、乳肽和珍珠肽等肽类食品或保健品。

5.3　活性肽的生产方法

随着生物科技的发展,生产肽的方法也在不断发展。现有的生产方法主要为以下几种:提取法、酶解法、合成法和基因工程法。

1)提取法

20世纪五六十年代,世界许多国家,包括我国主要是从动物脏器获取肽。如胸腺肽,其生产方法是将刚生下来的小牛宰杀之后,割下其胸腺,然后用震荡分离的生物技术,将小牛胸腺中的肽震荡分离出来,制成胸腺肽针剂。这种胸腺肽被广泛用于调节和增强人体细胞免疫功能。

天然生物活性肽分布很广泛,自然界的动植物和海洋生物中都存在丰富的生物活性肽,发挥各种各样的生理功能,维持生命活动的正常进行。这些天然生物活性肽包括抗生素、激素等生物体的次级代谢产物及各种组织系统存在的活性肽。

目前已经从人、动物、植物、微生物及海洋生物中分离出多种生物活性肽;然而,生物活性肽在生物体内的含量一般是微量的,而且目前从天然生物体中分离纯化获得活性肽的工艺还不是很完善,导致成本高,生物活性低。

多肽提取分离常用的方法包括:盐析沉淀法、超滤法、

凝胶过滤法、等电点沉淀法、离子交换层析、亲和层析、吸附层析、凝胶电泳等,其主要缺点是操作复杂,成本较高。

2）酸碱法

酸碱法即酸解法和碱解法,多用于试验机构,而在生产实践中较少使用。碱解法水解蛋白质,丝氨酸和苏氨酸等大部分氨基酸被破坏并且发生消旋作用,营养成分损失大,因此,很少采用此法生产;酸解法水解蛋白质不会引起氨基酸的消旋作用,水解速度快,反应完全彻底,但它的弱点是工艺复杂,很难控制,环境污染大,生产的多肽相对分子质量分布不均,极不稳定,生理功能很难确定。

3）酶解法

多数生物活性肽是以非活性状态存在于蛋白质的长链中,当用特异的蛋白酶水解时,其有活性的肽段就从蛋白氨基序列中释放出来。近几十年来,运用酶解方式从动植物、海洋生物中获取生物活性肽一直是国内外研究的热点,已从中分离提取出具有免疫调节、抗氧化、抑菌、降血压、抗血栓、抗肿瘤等多种生物活性肽。

酶解法生产生物活性肽是通过选择适当的蛋白酶,以蛋白质为底物,将蛋白质酶解,即可得到大量具有各种生理功能的生物活性肽。在生产过程中,温度、pH值、酶浓度和底物浓度等因素与小肽酶解生产效果密切相关,其中最关键的是酶的选择。酶解法使用的酶不同、酶的选择与配方不同、酶解的蛋白质来源不同,所获得的多肽的品质、相对分子质量分布和氨基酸组成也大不相同。通常人们选用胃蛋白酶和胰蛋白酶等动物蛋白酶，也可使用植物蛋白酶，如菠萝、木瓜蛋白酶。随着科技的发展和生物酶技术的创新，还有很多酶将被不断发现和利用。

酶解法以其技术成熟、投入较低而在生物活性肽的制备中得到广泛的应用。

4）合成法

化学合成法

化学合成法对于合成50个以下氨基酸的多肽具有显著优势，其生产技术的发展极大地推动了多肽药物的开发。多肽的化学合成法主要分为液相法和固相法。液相合成主要在液体中进行，故称之为液相合成法，有逐步合成和片段组合两种。对于由较少氨基酸组成的多肽，采用液相合成法方便快速，纯度高，且能够大量合成。液相合成法是经典的合成方法，其优点是保护基选择多、成本低廉和合成规模容易放大。自1963年Merrifield成功发展了固相合成法多肽合成以来，经过不断的改进和完善，到今天固相法已成为多肽和蛋白质合成中的一个常用技术，表现出了经典液相合成法无法比拟的优点。固相法是把要合成的多肽其中一端的氨基酸羧基、氨基或侧链基附着在固体载体上，然后从氨基端或羧基端逐步增长肽链的方法。与液相法相比，固相法具有操作简单，能够实现自动化操作的优点。

酶合成法

酶合成法指用蛋白酶催化合成肽。在活性肽的酶合成法中，最广泛应用的酶是丝氨酸和半胱氨酸内切酶。酶法合成与化学合成方法相比,具有在温和条件下进行,专性强,区域选择性高,毒性小,无消旋作用等特点。酶促肽合成具有其不可替代的优势,但反应周期长、产率低等缺点使得仅依靠酶法进行肽合成远不能满足工业生产的需求,在实际生产中酶法合成的应用仍然有限。

5）基因工程法

基因工程法指从动植物或海洋生物基因组中分离出带有目的基因的DNA片段,然后将此DNA片段克隆至适当的载体并采用特定方法将其导入受体细胞,通过细胞表达获得所需的活性肽或将外源基因插入到噬菌体基因序列中,使得多肽以融合蛋白形式表达在噬菌体颗粒表面经加工和纯化后获得。基因工程法合成多肽具有高表达、产量高和成本低等优点,可以得到纯度高、疗效好且具有天然活性的多肽类药物。此方法已被用于生产多肽药物,如胸腺肽、干扰素、白细胞介素等。与化学合成相比,基因工程法更适于长肽的制备。

参 考 文 献

[1] 李勇.肽临床营养学[M].北京: 北京大学医学出版
社,2012.

[2] 冯秀燕, 计成.寡肽在蛋白质营养中的作用[J].动物
营养学报,2001, 13(3): 8-13.

[3] Agar W T, Hird F J, Sidhu G S. The active absorption
of amino-acids by the intestine[J]. J Physiol., 1953,
121(2): 255-263.

[4] Neway H, Smith P H. Intercellular hydrolysis of
dipeptides during intestinal absorption[J]. J Physiol.,
1996, 152: 367-380.

[5] Daniel H. Molecular and Integrative Physiology of
Intestinal Peptide Transport[J]. Annual Rev. Physiol.,
2004, 66: 361-384.

[6] Zaloga G P. Physiologic effects of peptides based
enternal formulae[J]. Nutrition in clinical practice,
1990, 5: 231-237.

[7] Hara H, Funabili M, Iwata, et al. Portal absorption of
small peptides in rats under unrestrained conditions
[J]. J Nutr., 1984, 114: 1122-1129.

[8] Leonard J V, Marrs T C, Addison J M, et al. Intestinal absorption of amino acids and peptides in Hartnup disorder[J]. Pediatr Res., 1976, 10(4): 246–249.

[9] 李冠楠,夏雪娟,隆耀航,等.抗菌肽的研究进展及其应用[J].动物营养学报,2014,26(1): 17–25.

[10] 王春艳,田金强,王强.改善心血管健康的食源性生物活性肽构效关系研究进展[J].食品科学,2010,31(13): 307–311.

[11] 李世敏.食源性活性多肽与降血压研究进展[J].老年医学保健,2008,14(2): 125–127.

[12] Dziuba J, Minkiewicz P, Nalecz D, et al. Database of biologically active peptide sequences[J]. Nahrung., 1999, 43: 190–195.

[13] Shin Z I, Yu R, Park S A, et al. His-His-Leu, an angiotensin I converting enzyme inhibitory peptide derived from Korean soybean paste, exerts antihypertensive activity in vivo[J]. J Agric Food Chem., 2001, 49(6): 3004–3009.

[14] Hirasawa M, Shijubo N, Uede T, et al. Integrin expression and ability to adhere to extracellular matrix proteins and endothelial cells in human lung cancer lines[J]. Br J Cancer., 1994, 70(3): 466–473.

[15] Florentin I, Chung V, Martinez J, et al. In vivo immuno-pharmacological properties of tuftsin (Thr-Lys-Pro-

Arg）and some analogues［J］. Methods Find Exp Clin Pharmacol., 1986, 8（2）: 73-80.

［16］Tsuchita H, Suzuki T, Kuwata T. The effect of casein phosphopeptides on calcium absorption from calcium-fortified milk in growing rats［J］. Br J Nutr., 2001, 85（1）: 5-10.

［17］张昊, 任发政. 天然抗氧化肽的研究进展［J］. 食品科学, 2008, 29（4）: 443-447.

［18］张莉莉, 严群芳, 王恬. 大豆生物活性肽的分离及其抗氧化活性研究［J］. 食品科学, 2007, 28（5）: 208-211.

［19］荣建华, 李小定, 谢笔钧. 大豆肽体外抗氧化效果的研究［J］. 食品科学, 2002, 23（11）: 118-120.

［20］崔剑, 李兆陇, 洪啸莺吟. 自由基生物抗氧化与疾病［J］. 清华大学学报自然科学版, 2000, 40（6）: 9-12.

［21］陆融, 王卓. 小分子多肽抗肿瘤作用的研究进展［J］. 天津医科大学学报, 2005, 11（3）: 499-502.

［22］Chène P, Fuchs J, Bohn J, et al. A small synthetic peptide, which inhibits the p53-hdm2 interaction, stimulates the p53 pathway in tumour cell lines［J］. J Mol Biol., 2000, 299（1）: 245-253.

［23］Issaeva N, Friedler A, Bozko P, et al. Rescue of mutants of the tumor suppressor p53 in cancer cells by a designed peptide［J］. Proc Natl Acad Sci USA., 2003, 100（23）: 13303-13307.

［24］朱维铭.临床营养角色的转变：从营养支持到营养治疗［J］.肠外与肠内营养,2009,16（1）:1-3.

［25］裴新荣,杨睿悦,张召锋,等.海洋胶原肽抗皮肤老化作用的实验研究［J］.中华预防医学杂志,2008,42（4）:235-238.

［26］梁锐,张召锋,赵明,等.海洋胶原肽对剖宫产大鼠伤口愈合促进作用［J］.中国公共卫生,2010,26（9）:1144-1145.

［27］王竹青,李八方.生物活性肽及其研究进展［J］.中国海洋药物杂志,2010,29（2）:60-68.

［28］何平均.抗肿瘤寡肽类药物研究进展［J］.中国医药生物技术,2009,4（4）:288-290.

［29］孙立春,COY David H.多肽药物研究进展［J］.上海医药,2014,35（5）:55-60.

［30］Fang H, Luo M, Sheng Y, et al. The antihypertensive effect of peptides：a novel alternative to drugs?［J］. Peptides, 2008, 29（6）: 1062-1071.

［31］聂彩辉,徐寒梅.多肽药物的发展现状［J］.药学进展,2014,38（3）:196-202.

［32］李晓玉.安泰胶囊的免疫增强和保肝作用［J］.中国药理学通讯,1999,16（2）:28-30.